中国名家精品书系

ZHONG GUO MING JIA JING PIN SHU XI

作者简介

李洪涛，1970年出生于吉林省长岭县。1988年入吉林大学中文系学习。1997年任吉林日报报业集团《城市晚报》记者；1999年任长春日报报业集团《长春晚报》记者；2007年任《中国消费者报》吉林记者站站长至今。

吉林省作家协会会员；第二十届、第二十二届“中国新闻奖”获得者；中国产业报协会“全国十佳记者”；出版有新闻作品集《铁笔丹心》等。

中　国　名　家　精　品　书　系

爱鸟集

李洪涛 / 编著

吉林出版集团股份有限公司　全国百佳图书出版单位

图书在版编目（CIP）数据

爱鸟集 / 李洪涛编著. -- 长春 : 吉林出版集团股份有限公司, 2018.12（2024.3重印）
ISBN 978-7-5581-6298-5

Ⅰ. ①爱… Ⅱ. ①李… Ⅲ. ①野生动物－鸟类－摄影集 Ⅳ. ①Q959.7-64

中国版本图书馆CIP数据核字(2018)第297973号

爱鸟集

AI NIAO JI

编　　著　李洪涛
出版策划　曹　恒
执行策划　黄　群　付　乐
责任编辑　黄　群
责任校对　王　宇
装帧设计　贾　昕
开　　本　710mm×1000mm　1/16
字　　数　105千
印　　张　16
版　　次　2019年1月第1版
印　　次　2024年3月第4次印刷

出　　版　吉林出版集团股份有限公司
发　　行　吉林出版集团股份有限公司
地　　址　吉林省长春市福祉大路5788号
邮　　编：130000
电　　话　0431-81629968
邮　　箱　11915286@qq.com
印　　刷　三河市同力彩印有限公司

书　　号　ISBN 978-7-5581-6298-5
定　　价　69.80元

序言 Xuyan

让爱在蓝天下飞翔

“夏天的飞鸟，飞到我窗前唱歌，又飞去了。秋天的黄叶它们没有什么可唱，只叹息一声，飞落在那里。”

看到李洪涛《爱鸟集》这个书名，我立刻就想到了印度诗人泰戈尔的《飞鸟集》，想到了那些空灵美妙的诗句。

说实话，在拿到这本《爱鸟集》的书样之前，我根本不知道世间竟有这么多种类的鸟儿。尽管少年时候不懂事，整整一个春天，都在拿着弹弓漫山遍野地追逐鸟雀。

一个阳光明媚的上午，静静地听着洪涛娓娓的讲述，我走进了一个五彩斑斓的鸟儿的世界。

我们常说“人有人言，兽有兽语”。鸟儿不仅羽毛光鲜靓丽，有婉转动听的歌喉，能够自由地在蓝天翱翔，还是有情有爱乃至喜怒哀乐的生物。

洪涛为鸟儿摄影，缘于一次寻常的邂逅。

五年前的一个傍晚，波光粼粼的长春南湖映满霞光。洪涛正在湖边散步，迎面走来一对母女，小姑娘七八岁的样子，活泼可爱。一只喜鹊飞落在岸边的松枝上，小姑娘兴奋得跳了起来：“妈妈，妈妈，一只大鸟儿，这是啥鸟儿啊？”母亲有些嗔怪地说：“这孩子，怎么连喜鹊都不认识。”

说者无心，听者有意。猛然间，洪涛感到，虽然这是一件生活中的寻常小事，但反映出来的问题却不容忽视。生活在城市里的孩子，在繁重的课业压力下接触大自然的机会很少，不认识鸟儿，甚至连喜鹊都不认识。望着母女远去的背影，一种责任感油然而生。为了让孩子们识认鸟儿、喜爱鸟儿，从小树立人与自然和谐相处的意识，他决定拿起手中的相机，把各种可爱的鸟儿拍下来，印制成公益图书赠送给省内城市的中小学校。

说干就干！鸟类摄影需要专业的单反相机和超远镜头，市场价格十分昂贵。为了完成公益图书，洪涛通过朋友淘来了一套二手设备。从此，肩扛相机，身披迷彩。工作之余，他走进大山、丛林、湖泊和草原，不管严寒酷暑，不顾蚊虫叮咬，全部的心神，仿佛进入了绮丽幽眇的世界。收获总是留给付出汗水的人。在他的执着努力下，一只只漂亮的小鸟儿在镜头里定格，一个个精彩的瞬间，摄录了生命的灵动。

在拍摄过程中，他虚心向鸟类专家和社会上的爱鸟人士请教，学到了很多野生鸟类知识，也认识了越来越多的鸟儿。同时，他也有了对大自然、对鲜活生命的感悟。通过长期观察，他发现鸟儿的世界丰富多彩，不仅有花香，有蓝天，更有友爱。2017 年 3 月底，珲春境内的龙山湖银装素裹，冰雪中，100 多只从日本海飞来的白尾海雕正在冰面上觅食。在远距镜头里，洪涛突然发现，一只体形庞大的白尾海雕正在进食肉块时，一只饥饿的乌鸦飞落到近前，可怜巴巴地望着。在弱肉强食、食物短缺的情况下，按照常理，白尾海雕应该挥起尖喙利爪，赶走小小的乌鸦。然而，出人意料的事情发生了，这只白尾海雕停止进食并打量了乌鸦片刻，将肉块主动让给了乌鸦。不仅如此，为了防止其他的白尾海雕上前夺食，这只白尾海雕飞落到几米远的地方，一边看着乌鸦进食，一边警戒并保护着。望着眼前真实发生的情景，洪涛被深深地感动了，随着连拍的快门声，这一精彩的场景被完整地记录了下来。洪涛说，当时他激动得双手都有些颤抖了。

一次次拍摄，一次次感动。他被鸟儿为了生存与恶劣环境顽强抗争的伟大精神震撼了！物竞天择，适者生存，这是亘古不变的自然法则。2016年6月中旬的一天，美丽壮阔的查干湖蓝天如洗，碧波荡漾。在湖泊东岸的湿地上，一群黑翅长腿鹬不时地飞上飞下，正在争抢着觅食。时而为了小鱼发生打斗，场面激烈。透过超远摄长焦镜头，洪涛正在捕捉着精彩的瞬间。这时，一只黑翅长腿鹬飞速地掠过，飞落到浅滩上。与众不同的是，这只黑翅长腿鹬只用左腿站立，一边跳跃着前行，一边发出尖厉的鸣叫。仔细观察发现，它竟然只有一条腿！右腿的爪子上部，齐刷刷地断掉了，留下已经发黑的断茬。虽然身体残疾，但在这场食物争夺大战中，这只黑翅长腿鹬并没有退却，而是顽强地与其他健全的长腿鹬抗争着，并拼得一条条肥美的小鱼。鸟坚强！在洪涛的指点下，几位游客也目睹了全过程，纷纷被鸟儿在逆境中展现出的强韧的生命力所感动。

鸟儿们有爱情吗？有母爱吗？回答是肯定的，甚至丝毫不逊于我们人类。拍摄过程中，洪涛记录了大量鸟儿求偶、亲热、育雏的图片。鸟儿对爱情的忠贞、对孩子不惜穷尽生命而迸发的母爱，带给人类的不仅仅是感动，甚至还有汗颜。

2018年5月，在向海国家级自然保护区湿地一处光洁如镜的水面上，一对正处在发情期的凤头䴙䴘上演着动人的爱情剧。它们时而面面相对，伸直脖子优雅地舞动，时而两只长长的喙相互触碰，献上热烈的亲吻。突然，它们骤然分开，彼此相距十数米。伴随着欢愉的鸣叫，两只凤头䴙䴘的身体在水面上直立起来，双脚踩水飞速向对方冲去。在激起的水花中，两胸重重地相撞，一次又一次。更多的时候，它们在撞胸表达爱意的同时，雄鸟还会从水中叼起水草或树枝，作为礼物献给雌鸟。据观察，不仅仅是凤头䴙䴘，大多数的鸟儿，都有着感人至深的爱情故事，并且从一而终。

母爱是伟大的。为了喂养和保护自己的幼仔，很多雌鸟在育雏期间辛劳捕食，即使面对潜在的危险，也会不惧强敌，毅然挺身而出，以命相搏。2016年6月初的一天，在长白山自然保护区，一条毒蛇爬到高高的树上，直奔树洞中黑啄木鸟的巢穴，几只雏鸟发出阵阵惊叫。两只外出觅食的黑啄木鸟闻声飞回，看到盘在树干上并已经接近了家门的毒蛇，它们勇敢地冲上前去，与毒蛇展开了殊死搏斗。经过20多分钟的激战，毒蛇终于被打退，带着满身的伤痕滑下树去，雏鸟们安然无恙。

洪涛拍摄并编辑的这本《爱鸟集》，记录了200多种在日常生活中常见的鸟，有的十分珍稀。由于是公益教育读本，主要是面向中小学生，因此在拍摄过程中力求画面中的鸟儿轮廓清晰，羽毛靓丽，姿态优美，这就大大增加了操作的难度。有时为了拍好一种鸟儿，他在冰天雪地中或闷热的伪装帐篷里一熬就是几个小时。几年的坚持和守望，他风餐露宿，付出了常人难以想象的艰辛。

《爱鸟集》的鸟类图片拍摄于大自然，生动、鲜活、新奇，鸟种介绍的内容也十分翔实。从鸟儿的名称、分布范围、种群现状、保护级别等方面，全方位记录和普及了鸟类的知识。我认为，这本带着鸟语花香的图书，能够在当下倡导生态文明建设的大背景下出版，具有不同寻常的文化价值。

在过去的20年中，全球对鸟类的威胁因素不断增加，一些鸟类的数量正在急剧下降，甚至濒临灭绝。

“绿水青山就是金山银山”。这是2005年8月，习近平总书记任浙江省委书记时，在湖州安吉考察期间提出的科学论断。当前，很多中小学生的鸟类知识匮乏，甚至对生活在身旁的鸟儿都不认识，对鸟类保护和生态环境的认识十分淡薄。因此，《爱鸟集》的出版发行更显得意义重大。

我们也曾在公园里散步，也曾留意蜜蜂摇动花蕊落下一地金色花粉，山雀飞落的树下飘起轻纱般的柳絮，那动心的一刹，就是爱意。社会各界爱心人士对《爱鸟集》一书的支持和关注让我感动，就像感动于夏风吹拂浓郁的绿叶，群鸟经过身旁飞向广阔的蓝天。祝愿我们的明天更加美好，让我们的孩子能够在这般美好的自然与社会环境中快乐成长。

陈耀辉

目录 Mulu

鸽形目

鹤形目

鸻形目

鸥形目

鸡形目

鴷形目

雀形目

隼形目

鹳形目

鹈形目

鸮形目

雁形目

夜鹰目

鹰形目

䴙䴘目

佛法僧目

Columbiformes 鸽形目

陆禽，体形中等，嘴爪平直或稍弯曲，嘴基部柔软，被以蜡膜，嘴端膨大而具角质（沙鸡除外）；嗉囊发达，颈和脚均较短，胫全被羽。雏鸟为晚成鸟。喜群栖，并有集群迁徙现象。主要以植物的果实、种子等为食，兼吃少量的昆虫类动物性食物。

珠颈斑鸠

珠颈斑鸠（学名：*Streptopelia chinensis*）又名鸪雕、鸪鸟、中斑、花斑鸠、花脖斑鸠、珍珠鸠、斑颈鸠、珠颈鸽、斑甲，是一种常见的斑鸠。

分布范围

分布于中国的的四川、河北、山东、海南等地。

保护级别

已列入中国国家林业局2000年8月1日发布的《国家保护的有益的或者有重要经济、科学研究价值的陆生野生动物名录》。

生活习性

属于留鸟，常成小群活动，栖息场地较为固定。早晨天刚亮即外出觅食。主要以植物种子为食，特别是农作物种子，如稻谷、玉米、小麦、豌豆、黄豆、菜豆、绿豆等。

鹤形目 Gruiformes

鹤形目中鸟类体形大小差别很大。共有12科，其中有些科分布非常广泛，多数科则局限于狭小的地区，有些种类甚至因分布局限于一些偏僻的海岛，而失去了飞翔能力。鹤形目中不少成员都是濒危物种，特别是那些分布于海岛的种类。

白骨顶鸡

白骨顶鸡（学名：*Fulica atra*）是鹤形目秧鸡科的一种鸟。头带额甲，白色；嘴的长度适中，高而侧扁，端部钝圆；多数尾下覆羽有白色；雄雌两性相似。

分布范围 广泛分布在中国各地。

种群现状 数量较大，是中国较常见的水鸟。种群数量趋势稳定，因此，被评为无生存危机的物种。

保护级别 已列入《世界自然保护联盟（IUCN）濒危物种红色名录》ver 3.1（2013）——低危（LC）。

生活习性 在中国北部为夏候鸟，在长江以南为冬候鸟，每年3月下旬即开始迁往东北繁殖地。

白鹤

白鹤（学名：*Grus leucogeranus*）是一种大型涉禽，略小于丹顶鹤，体长 130 ~ 140厘米。站立的时候通体白色，胸和前额鲜红色，嘴和脚暗红色；飞翔的时候，翅尖黑色，其余羽毛白色。

分布范围 分布在中国、阿塞拜疆、伊朗、哈萨克斯坦和乌兹别克斯坦等国家和地区。

种群现状 濒危灭绝的动物之一。

保护级别 已列入中国国家一级重点保护动物。1996年列入《中国濒危动物红皮书·鸟类》濒危物种。1997年列入《华盛顿公约》CITES附录Ⅰ级保护动物。已列入《世界自然保护联盟（IUCN）濒危物种红色名录》ver 3.1（2012）——极危（CR）。

生活习性 在中国主要为冬候鸟和旅鸟。秋季迁到中国南方越冬，春季离开越冬地。

白头鹤

白头鹤（学名：*Grus monacha*）是一种大型涉禽。性情温雅，机警胆小；额头和两眼前方有比较密集的黑色刚毛，从头到颈是雪白的柔毛，其余部分的体羽都是石板灰色。

分布范围 分布在中国、日本、俄罗斯等地。繁殖于西伯利亚北部及中国东北部，越冬在日本南部及中国东部。

保护级别 1989年列入中国国家一级重点保护动物。1996年列入《中国濒危动物红皮书·鸟类》濒危物种。已列入《华盛顿公约》CITES附录Ⅰ级保护动物。已列入《世界自然保护联盟（IUCN）濒危物种红色名录》ver 3.1（2012）——易危（VU）。

生活习性 到达繁殖地的时间多在4月末至5月初。迁徙时间从10月至11月较为集中。冬季常常到栖息地附近的农田活动和觅食。

白枕鹤

白枕鹤（学名：*Grus vipio*）的上体为石板灰色，尾羽为暗灰色，末端带有宽阔的黑色横斑；体形与丹顶鹤相似，略小于丹顶鹤，而大于白头鹤。

分布范围 分布在中国黑龙江省齐齐哈尔，吉林省向海、莫莫格，内蒙古东部达里诺尔湖等地。越冬于安徽菜子湖、江苏洪泽湖等地。

种群现状 数量稀少。

保护级别 已列入中国《国家二级重点保护野生动物名录》。列入《世界自然保护联盟（IUCN）濒危物种红色名录》ver 3.1（2012）——易危（VU）。

生活习性 主要以植物种子、草根、嫩叶、嫩芽、谷粒、鱼、蛙、蜥蜴、蝌蚪、虾、软体动物和昆虫等为食。

大鸨

大鸨（学名：*Otis tarda*）是鹤形目鸨科的一种大型地栖鸟。雄鸟的头、颈及前胸灰色，喉部近白色，有类似胡须的纤羽；雌鸟的上体为栗棕色，密布宽阔的黑色横斑，下体灰白色；雌雄鸟的两翅覆羽均为白色，在翅上形成大的白斑。

分布范围

主要分布在欧洲南部，偶尔也见于印度和日本等地。

种群现状

在世界范围内的种群数量都普遍处于下降趋势，总数在29700只左右，在欧洲和非洲都已经消失了，分布在东欧各国的也几近绝灭。大鸨在中国的种群数量曾经是相当丰富的，经常可见到数十只的大群，但现在已经变得相当稀少。

保护级别

已列入中国国家一级重点保护动物。已列入《中国濒危动物红皮书·鸟类》稀有物种。已列入《华盛顿公约》CITES附录Ⅱ濒危物种。已列入《世界自然保护联盟（IUCN）濒危物种红色名录》ver 3.1（2012）——低危（LC）。

生活习性

性耐寒、机警，善于奔走、不鸣叫，非迁徙时的飞行高度不超过200米。在同一群体中，雌群和雄群相隔一定的距离。

丹顶鹤

丹顶鹤（学名：*Grus japonensis*）是鹤类中的一种，属于大型涉禽。颈、脚较长，体长120~160厘米；通体大部分为白色，头顶鲜红色，喉和颈黑色，耳朵到头部基本为白色，脚黑色。

分布范围 分布在中国、日本、韩国、朝鲜、蒙古、俄罗斯等地。繁殖于俄罗斯远东地区、中国黑龙江、乌苏里江流域和日本北海道，越冬于日本、朝鲜。

种群现状 全世界的丹顶鹤总数至2010年统计约有1500只，其中在中国境内越冬的有1000只左右。

保护级别 已列入《华盛顿公约》CITES附录Ⅰ级保护动物。已列入《世界自然保护联盟（IUCN）濒危物种红色名录》ver 3.1（2012）——濒危（EN）。

生活习性 栖息在开阔平原、沼泽、湖泊、海滩及近水滩涂。成对或结成小群，迁徙时集成大群。

黑水鸡

黑水鸡（学名：*Gallinula chloropus*）是鹤形目秧鸡科的一种鸟，共有12个亚种；中型涉禽；头部带有额甲，后端圆钝；嘴和额甲色彩鲜艳。

分布范围 在中国繁殖于西藏东南的大部分地区、新疆西部、华东、华南、西南、海南岛等地。在北纬23度以南越冬。为较常见的留鸟和夏候鸟。

种群现状 该物种分布范围广，种群数量趋势稳定，因此被评为无生存危机的物种。

保护级别 已列入中国国家林业局2000年8月1日发布的《国家保护的有益的或者有重要经济、科学研究价值的陆生野生动物名录》。已列入《世界自然保护联盟（IUCN）濒危物种红色名录》ver 3.1（2012）——低危（LC）。

生活习性 在长江以北主要为夏候鸟，在长江以南多为留鸟。善于游泳和潜水。

红脚苦恶鸟

红脚苦恶鸟（学名：*Amaurornis akool*）是鹤科秧鸡属的一种中等体形的鸟，共有2个亚种。体长约28厘米；体形大小似秧鸡。

分布范围 分布在中国、印度、缅甸、尼泊尔、巴基斯坦、越南等国家和地区。

种群现状 该物种分布范围广，种群数量趋势稳定，因此被评为无生存危机的物种。

保护级别 已列入中国国家林业局2000年8月1日发布的《国家保护的有益的或者有重要经济、科学研究价值的陆生野生动物名录》。已列入《世界自然保护联盟（IUCN）濒危物种红色名录》ver 3.1（2012）——低危（LC）。

生活习性 一般成对活动。性机警，白天在植物茂密处或水边草丛中活动。善于步行、奔跑及涉水。部分夏候鸟，部分留鸟。

灰鹤

灰鹤（学名：*Grus grus*）是一种大型涉禽。体长100~120厘米；全身羽毛大部分为灰色；头顶裸露出的皮肤鲜红色，眼后至颈侧有一灰白色纵带；颈、脚都非常长，脚黑色。

分布范围 在中国的繁殖地主要分布在新疆、内蒙古、黑龙江、青海、甘肃、宁夏、四川等地，迁徙时经过河北、辽宁、吉林等地。

种群现状 该物种分布范围广，种群数量趋势稳定，因此被评为无生存危机的物种。

保护级别 已列入中国国家二级重点保护动物。已列入《世界自然保护联盟（IUCN）濒危物种红色名录》ver 3.1（2012）——低危（LC）。

生活习性 喜欢5~10余只的小群活动，在冬天越冬地集群个体多达数百只。性机警，胆小怕人。

蓑羽鹤

蓑羽鹤（学名：*Anthropoides virgo*）是一种大型涉禽，体长68~92厘米，是鹤类中个体最小者。通体为蓝灰色，眼先、头侧、喉和前颈黑色，眼后有一白色耳簇羽，极为醒目；前颈黑色羽毛延长，悬垂于胸部；脚黑色；飞翔时翅尖黑色。

分布范围

在中国主要分布在新疆、宁夏、内蒙古、黑龙江、吉林等地。迁徙地分布在河北、青海、河南、山西等地，越冬地在西藏南部。

种群现状

在中国种群数量较少，属非常见珍稀鸟类。

保护级别

已列入中国《国家重点保护野生动物名录》二级保护动物。已列入《世界自然保护联盟（IUCN）濒危物种红色名录》（2012）——无危（LC）。

生活习性

常常活动在水边浅水处或水域附近地势较高的草甸上。性胆小而机警，善于奔走，不愿与其他鹤类合群。

Charadriiformes

鸻形目

鸻形目包括的类群比较繁杂，有鸻鹬类、鸥类和海雀类3个大类群，分别是擅长游泳的涉禽类、飞翔的海洋鸟类和适应潜水生活的海洋鸟类，这3个类群有时也被分成3个独立的目。鸻形目有16~17科，其中在中国有9~10科。这一目的分布范围遍及世界各地的水域，从两极到热带都有，其中有不少种类有极强的飞翔能力，可以飞很远的距离。鸻形目鸻鹬类以中小型涉禽为主，是涉禽中最大的一类，也是世界各地湿地的重要组成部分，具有很重要的生态意义。

斑尾塍鹬

斑尾塍鹬（学名：*Limosa lapponica*）别名斑尾鹬。体形中等，体长约37厘米；嘴较细长、直或略微向上翘；繁殖期羽多为棕栗色。

分布范围 在中国主要分布在天津、河北、内蒙古、辽宁、黑龙江、青海、新疆等地。

种群现状 该物种分布范围广，种群数量趋势稳定，因此被评为无生存危机的物种。

保护级别 已列入《世界自然保护联盟（IUCN）濒危物种红色名录》ver 3.1（2012）——低危（LC）。

生活习性 多数栖息在沼泽湿地、稻田与海滩，保持着鸟类不间断飞行距离的世界纪录，行程达到约11677千米。

半蹼鹬

半蹼鹬（学名：*Limnodromus semipalmatus*）体形粗壮；嘴长似鹬；下体淡红色，腰和后背白色。

分布范围 中国的繁殖地在内蒙古东北部和黑龙江，迁徙期间经过吉林、河北、长江中下游，一直到福建、广东等地。

种群现状 仅发现繁殖在西伯利亚和中国东北北部。越冬在泰国、缅甸、印度、新加坡、菲律宾、马来西亚和印度尼西亚。数量稀少。

保护级别 已列入中国国家林业局2000年8月1日发布的《国家保护的有益的或者有重要经济、科学研究价值的陆生野生动物名录》。在《中国濒危动物红皮书·鸟类》中被列为稀有物种。已列入《世界自然保护联盟（IUCN）濒危物种红色名录》ver 3.1（2012）——近危（NT）。

生活习性 主要栖息在湖泊、河流及沿海岸边草地和沼泽地上。冬季主要在海岸潮涧地带和河口沙洲。性胆小而机警。

大杓鹬

大杓鹬（学名：*Numenius madagascariensis*）体形硕大，体长63厘米。嘴非常长并且下弯；下背及尾褐色，下体皮黄。

分布范围 在中国的繁殖地从黑龙江、吉林、辽宁，一直到河北和内蒙古东部。迁徙期间见于辽宁、河北、山东、甘肃和广东等地。

种群现状 该物种在全球范围内数量极少，因此被列为易危物种。

保护级别 已列入中国国家林业局2000年8月1日发布的《国家保护的有益的或者有重要经济、科学研究价值的陆生野生动物名录》。已列入《世界自然保护联盟（IUCN）濒危物种红色名录》ver 3.1（2013）——易危（VU）。

生活习性 栖息在低山丘陵和平原地带的河流。迁徙季节和冬季也常常出现在沿海沼泽、海滨、河口沙洲和湖边草地等。

反嘴鹬

反嘴鹬（学名：*Recurvirostra avosetta*）是一种腿特别长的涉水鸟。体长38～45厘米；背部有醒目的黑色和白色标志；腹部灰白色。

分布范围 在中国主要分布在新疆、青海、内蒙古、辽宁、吉林等地。越冬在西藏南部、广东和福建等地区。

种群现状 栖息在平原和半荒漠地区的湖泊、水塘和沼泽地带，有时也栖息在海边水塘和盐碱沼泽地。

保护级别 已列入中国国家林业局2000年8月1日发布的《国家保护的有益的或者有重要经济、科学研究价值的陆生野生动物名录》。已列入《世界自然保护联盟（IUCN）濒危物种红色名录》ver 3.1（2012）——无危（LC）。

生活习性 常常单独或成对活动和觅食，但栖息时却喜欢成群。喜欢将嘴伸入水中或稀泥里面，左右来回扫动觅食。善于游泳。

凤头麦鸡

凤头麦鸡（学名：*Vanellus vanellus*）是一种中型涉禽。体长29~34厘米；头顶带细长而稍向前弯的黑色冠羽，像突出于头顶的角，非常醒目。

分布范围 在中国主要分布在北京、天津、山西、内蒙古、辽宁、吉林、黑龙江、宁夏、新疆等地。

种群现状 种群数量趋势稳定，因此被评为无生存危机的物种。

保护级别 已列入中国《国家重点保护野生动物名录》二级保护动物。已列入《世界自然保护联盟（IUCN）濒危物种红色名录》ver 3.1（2012）——低危（LC）。

生活习性 在中国北方为夏候鸟，南方为冬候鸟。常常成群活动，特别是冬季，常常聚集成数十至数百只的大群。

黑翅长脚鹬

黑翅长脚鹬（学名：*Himantopus himantopus*）是反嘴鹬科长脚鹬属的一种鸟，共有 4 个亚种；黑白色涉禽。

分布范围 在中国分布于新疆、青海、内蒙古、辽宁、吉林和黑龙江等地。

种群现状 种群数量趋势稳定，因此被评为无生存危机的物种。

保护级别 已列入《世界自然保护联盟（IUCN）濒危物种红色名录》ver 3.1（2013）——低危（LC）。

生活习性 每年4月初至5月初迁来中国北方繁殖地，9~10月离开北方繁殖地往南方迁徙。常常成群迁徙。栖息在开阔平原草地中的湖泊、浅水塘和沼泽地。常单独、成对或成小群活动。主要以软体动物、虾、甲壳类等为食。

黑腹滨鹬

黑腹滨鹬（学名：*Calidris alpina*）是一个小型涉水物种。

分布范围 在中国迁徙时常见于东北、西北、东南、华南、东南沿海以及长江以南地区。

保护级别 已列入中国国家林业局2000年8月1日发布的《国家保护的有益的或者有重要经济、科学研究价值的陆生野生动物名录》。已列入《世界自然保护联盟（IUCN）濒危物种红色名录》ver 3.1（2012）——无危（LC）。

生活习性 常常成群活动于水边沙滩、泥地或水边浅水处。性活跃，善于奔跑，常常沿水边跑跑停停，飞行快而直。

黑尾塍鹬

黑尾塍鹬（学名：*Limosa limosa*）是中型涉禽，体长36~44厘米。嘴、脚、颈都比较长，嘴微向上翘，尖端较钝、黑色，基部肉色；眉纹白色，贯眼纹黑色；尾白色具宽阔的黑色端斑。

分布范围 在中国分布于新疆西部、内蒙古东北部和吉林省西部，部分留在云南和海南等地越冬。

种群现状 分布范围虽广，但数量不多。主要威胁是栖息地被逐渐破坏并碎片化。

保护级别 该物种已列入中国国家林业局2000年8月1日发布的《国家保护的有益的或者有重要经济、科学研究价值的陆生野生动物名录》。

生活习性 栖息在平原草地和森林平原地带的沼泽、湿地、湖边，单独或成小群活动，冬季有时偶尔也集成大群。

红脚鹬

红脚鹬（学名：*Tringa totanus*）体长28厘米，上体褐灰，下体白色，胸带褐色纵纹。

分布范围 分布在中国、阿富汗、阿尔巴尼亚、阿尔及利亚、柬埔寨、喀麦隆、佛得角、乍得等国家和地区。

种群现状 分布范围广，种群数量趋势稳定，因此被评为无生存危机的物种。

保护级别 已列入《世界自然保护联盟（IUCN）濒危物种红色名录》ver 3.1（2012）——无危（LC）。

生活习性 繁殖期主要在沿海沙滩和附近盐碱沼泽地带活动。少量在内陆湖泊、河流、沼泽与湿草地上活动和觅食。常单独或成小群活动。休息时则成群。

环颈鸻

环颈鸻（学名：*Charadrius alexandrinus*）全长约16厘米，是一种中小型涉禽。羽毛的颜色为灰褐色，常常随季节和年龄而变化。

分布范围 主要分布在中国、阿富汗、阿尔巴尼亚、开曼群岛、佛得角、乍得、智利、哥伦比亚等国家和地区。

种群现状 分布范围广，种群数量趋势稳定，因此被评为无生存危机的物种。

保护级别 该物种已列入中国国家林业局2000年8月1日发布的《国家保护的有益的或者有重要经济、科学研究价值的陆生野生动物名录》。已列入《世界自然保护联盟（IUCN）濒危物种红色名录》ver 3.1（2012）——低危（LC）。

生活习性 以蠕虫、昆虫、软体动物为食，也吃植物的种子和叶片。

矶鹬

矶鹬（学名：*Actitis hypoleucos*）是一种小型鹬。上体黑褐色，下体白色，并沿着胸侧向背部延伸，翅折叠时在翼角前方形成显著的白斑；脚淡黄褐色；身体呈弓状，站立时不住地点头、摆尾。

分布范围

在中国分布在西北及东北等地，在南部沿海、河流及湿地越冬。

种群现状

分布范围非常广，种群数量趋势稳定，因此被评为无生存危机的物种。

保护级别

已列入中国国家林业局2000年8月1日发布的《国家保护的有益的或者有重要经济、科学研究价值的陆生野生动物名录》。已列入《世界自然保护联盟（IUCN）濒危物种红色名录》ver 3.1（2012）——低危（LC）。

生活习性

常常单独或成对活动，非繁殖期也成小群。常常活动在多沙石的水中沙滩或江心小岛上。

尖尾滨鹬

尖尾滨鹬（学名：*Calidris acuminata*）属于滨鹬中体形较大的一种。体长19厘米；眉纹白色；繁殖期头顶泛栗色，上体黑褐色，各羽缘呈栗色、黄褐色或浅棕白色。

分布范围 在中国主要分布在北京、天津、河北、内蒙古、辽宁、吉林、黑龙江等地。

种群现状 种群数量趋势稳定，因此被评为无生存危机的物种。

保护级别 已列入中国国家林业局2000年8月1日发布的《国家保护的有益的或者有重要经济、科学研究价值的陆生野生动物名录》。已列入《世界自然保护联盟（IUCN）濒危物种红色名录》ver 3.1（2013）——低危（LC）。

生活习性 在中国主要为旅鸟，部分为冬候鸟。春季于4~5月，秋季于9~10月途经中国。常在有低矮草本植物的水边干草地上或浅水处活动觅食。以昆虫幼虫为食，也吃小螺等小型无脊椎动物。

金斑鸻

金斑鸻（学名：*Pluvialis fulva*）属于鸻形目鸻科，全长约24厘米。雄鸟上体黑色，密布金黄色斑，下体黑色，一条白色带位于上下体之间，极为醒目；雌鸟黑色部分偏褐色且具有许多细白斑。

分布范围 繁殖在北美洲北部，冬季在巴西南部、阿根廷北部和乌拉圭过冬。迁徙时途经中国全境。

种群现状 种群数量较多，因此被评为无生存危机的物种。

保护级别 已列入中国国家林业局2000年8月1日发布的《国家保护的有益的或者有重要经济、科学研究价值的陆生野生动物名录》。

生活习性 栖息于沿海海滨、湖泊、河流、水塘岸边及其附近沼泽、草地、农田和耕地上。以植物种子、嫩芽、软体动物、甲壳类昆虫为食。性羞怯而胆小，遇到危险则立刻起飞。

金眶鸻

金眶鸻（学名：*Charadrius dubius*）是一种小型鸻科鸟。全长约16厘米；有明显的白色领圈，其下有明显的黑色领圈，眼后白斑向后延伸至头顶相连；上体沙褐色；下体白色。

分布范围 在中国主要分布在北京、天津、内蒙古、辽宁、吉林、黑龙江、河北、河南、山西等地。

种群现状 种群数量趋势稳定，因此被评为无生存危机的物种。

保护级别 已列入中国《国家重点保护野生动物名录》。已列入《世界自然保护联盟（IUCN）濒危物种红色名录》ver 3.1（2012）——低危（LC）。

生活习性 春季于3月末至4月初有个体迁到中国东北繁殖地，秋季于9月末至10月初迁离中国东北繁殖地并往南迁徙。

林鹬

林鹬（学名：*Tringa glareola*）体长约20厘米，体形略小；白色眉纹较长，从嘴基延伸至耳后；上体灰褐色而极具斑点；下体包括颏、喉、胸，腹白色，颈和胸部多暗褐色斑纹；腿细长，黄色。

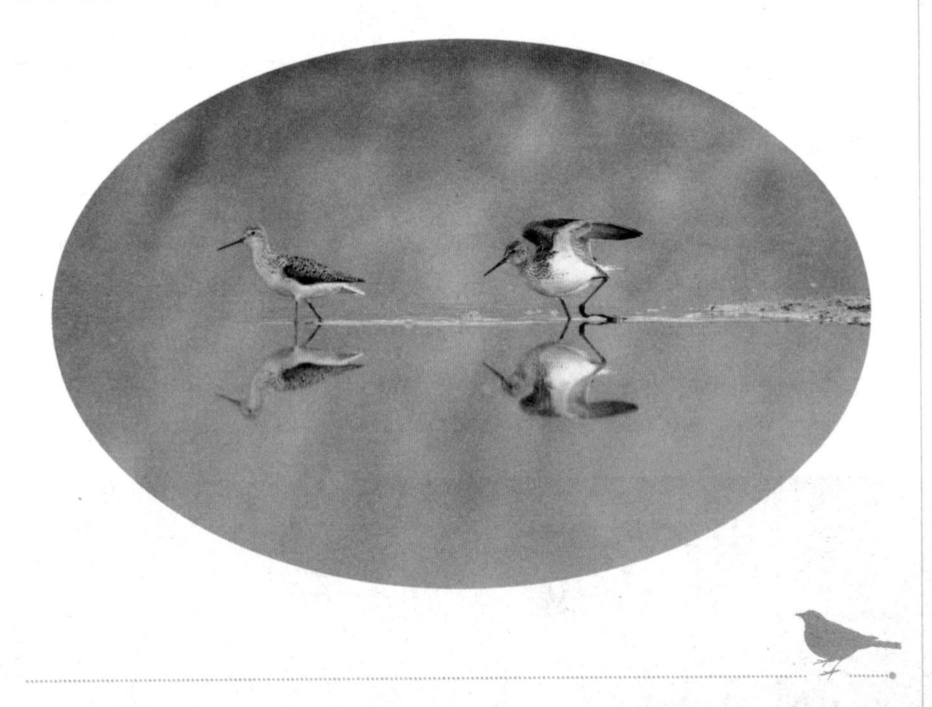

分布范围 在中国主要繁殖于内蒙古东北部、黑龙江、吉林、辽宁及河北北部、新疆西部等地。

种群现状 种群数量趋势稳定，因此被评为无生存危机的物种。

保护级别 已列入中国国家林业局2000年8月1日发布的《国家保护的有益的或者有重要经济、科学研究价值的陆生野生动物名录》。已列入《世界自然保护联盟（IUCN）濒危物种红色名录》ver 3.1（2013）——低危（LC）。

生活习性 在中国主要为旅鸟。部分在东北和新疆为夏候鸟，在广东、海南岛等地为冬候鸟。3月末有个体到达长白山繁殖地。

青脚鹬

青脚鹬（学名：*Tringa nebularia*）是鸻形目鹬科的一种鸟。嘴微上翘；上体灰黑色，有黑色轴斑和白色羽缘；下体白色，前颈和胸部有黑色纵斑；腿长，近绿色；寿命一般为12年。

分布范围 在中国主要分布在北京、天津、河北、山西、内蒙古、辽宁、吉林、黑龙江等地。

保护级别 已列入中国国家林业局2000年8月1日发布的《国家保护的有益的或者有重要经济、科学研究价值的陆生野生动物名录》。已列入《世界自然保护联盟（IUCN）濒危物种红色名录》ver 3.1（2012）——低危（LC）。

生活习性 在中国主要为旅鸟和冬候鸟。多喜欢在河口沙洲、沿海沙滩和平坦的泥泞地和潮涧地带活动和觅食，步履矫健而轻盈。

水雉

水雉（学名：*Hydrophasianus chirurgus*）是鸻形目水雉科的一种中小型的鸟。

分布范围 分布在中国云南、四川、广西、广东等地。繁殖在中国北纬32度以南包括海南及西藏东南部的所有地区，部分鸟在海南等地越冬。

种群现状 现在中国的数量已非常稀少。

保护级别 已列入中国国家林业局2000年8月1日发布的《国家保护的有益的或者有重要经济、科学研究价值的陆生野生动物名录》。

生活习性 性活泼，善于行走，行走时步履轻盈，能在漂浮于水面的百合、莲、菱角等水生植物上来回奔走和停息。善于游泳和潜水。

弯嘴滨鹬

弯嘴滨鹬（学名：*Calidris ferruginea*）是丘鹬科滨鹬属的一种小型鸟。嘴长而下弯；上体大部分是灰色几乎没有纵纹；腰部白色明显。

分布范围 迁徙期间经过中国黑龙江、吉林、辽宁、河北、内蒙古、甘肃、青海、新疆、广东、福建、海南等地。

种群现状 种群数量较少，被列为近危。

保护级别 已列入中国国家林业局2000年8月1日发布的《国家保护的有益的或者有重要经济、科学研究价值的陆生野生动物名录》。

生活习性 繁殖期为6~7月。营巢于苔藓冻原和冻原沼泽地带。通常置巢于比较干的土丘和小山坡上的草丛中。常常成群在水边沙滩、泥地和浅水处活动，主要以甲壳类、软体动物、蠕虫和水生昆虫为食。

蛎鹬

蛎鹬（学名：*Haematopus ostralegus*）是中型涉禽。体羽黑白色；头、颈、胸和整个上体黑色，胸以下白色；嘴红色，长直而端钝；腿红色。

分布范围 在中国主要分布在吉林、黑龙江、辽宁、内蒙古、山东、新疆、河北等地。迁徙期途经江苏、浙江、湖北、西藏、福建、广东、广西等地。

种群现状 种群数量趋势稳定，因此被评为无生存危机的物种。

保护级别 已列入中国国家林业局2000年8月1日发布的《国家保护的有益的或者有重要经济、科学研究价值的陆生野生动物名录》。已列入《世界自然保护联盟（IUCN）濒危物种红色名录》ver 3.1（2012）——低危（LC）。

生活习性 成小群活动。沿岩石型海滩取食软体动物，用錾形嘴錾开。

小黄脚鹬

小黄脚鹬（学名：*Tringa flavipes*）为丘鹬科鹬属的一种鸟，中等体形。嘴直，背灰褐色，腿为明显黄色。

分布范围 分布在中国东部沿海地区。

保护级别 已列入中国国家林业局2000年8月1日发布的《国家保护的有益的或者有重要经济、科学研究价值的陆生野生动物名录》。

生活习性 常常单独或成小群活动。性胆怯，遇危险时常蹲伏隐蔽，一般很少起飞。

中杓鹬

中杓鹬（学名：*Numenius phaeopus*）的嘴长而向下弯曲，黑褐色；虹膜黑褐色；眉纹色浅，带黑色质纹，基部淡褐色或肉色；较常见的亚种腰部偏褐色；脚蓝灰色或青灰色。

分布范围 在中国主要分布于黑龙江、吉林、辽宁、河北、山东、福建等地。其中部分在海南等地越冬。

种群现状 种群数量趋势稳定，因此被评为无生存危机的物种。

保护级别 已列入中国国家林业局2000年8月1日发布的《国家保护的有益的或者有重要经济、科学研究价值的陆生野生动物名录》。已列入《世界自然保护联盟（IUCN）濒危物种红色名录》ver 3.1（2012）——无危（LC）。

生活习性 在迁徙和在栖息地时则集成大群。常常将朝下弯曲的嘴插入泥地探觅食物。

泽鹬

泽鹬（学名：*Tringa stagnatilis*）体长约23厘米。上体灰褐色，虹膜暗褐色，嘴长，腰及下背白色，尾羽上有黑褐色横斑；下体白色，脚细长，暗灰绿色或黄绿色。

分布范围 该物种的原产地在德国。在中国分布于内蒙古东北部、黑龙江和吉林等地，迁徙时经过辽宁、河北、山东、江苏、甘肃等地。

种群现状 种群数量趋势稳定，因此被评为无生存危机的物种。

保护级别 已列入中国国家林业局2000年8月1日发布的《国家保护的有益的或者有重要经济、科学研究价值的陆生野生动物名录》。已列入《世界自然保护联盟（IUCN）濒危物种红色名录》ver 3.1（2012）——无危（LC）。

生活习性 主要栖息在河滩或沼泽草地，以小型脊椎动物为食。在中国为旅鸟，部分为夏候鸟和冬候鸟。常单独或成小群在水边沙滩、泥地和浅水处活动和觅食，也常常进到较深的水中活动。

白腰杓鹬

白腰杓鹬（学名：*Numenius arquata*）是鹬科杓鹬属的一种鸟。头顶和上体淡褐色，头、颈、上背具黑褐色羽轴纵纹；飞羽为黑褐色与淡褐色相间的横斑，颈与前胸淡褐色，带细的褐色纵纹；下背、腰及尾上覆羽白色；尾羽白色，带黑褐色细横纹。

分布范围 主要分布在中国内蒙古，越冬则在西藏南部、长江下游、福建、广东和海南等地。

种群现状 数量稀少，整体在全球数量下降速度很快。

保护级别 已列入中国国家林业局2000年8月1日发布的《国家保护的有益的或者有重要经济、科学研究价值的陆生野生动物名录》。已列入《世界自然保护联盟（IUCN）濒危物种红色名录》ver 3.1（2013）——近危（NT）。

生活习性 在中国内蒙古、黑龙江、吉林为夏候鸟。越冬在长江中下游和东南沿海各省。常集成小群活动。性机警，飞行有力，两翅扇动缓慢。主要以甲壳类、昆虫等为食。

灰头麦鸡

灰头麦鸡（学名：*Vanellus cinereus*）全长约35厘米。夏羽上体棕褐色，头颈部灰色，眼周及眼先黄色；喉及上胸部灰色，胸部具黑色宽带；下腹白色。

分布范围 主要分布在中国、孟加拉国、柬埔寨、印度、日本、朝鲜、韩国、泰国和越南等国家和地区。

保护级别 已列入《世界自然保护联盟（IUCN）濒危物种红色名录》ver 3.1（2009）——低危（LC）。

生活习性 多成双或结成小群活动在开阔的沼泽、水田、耕地、草地、河畔或山中池塘畔。特别是在冬季常常集成数十至数百只的大群。

勺嘴鹬

勺嘴鹬（学名：*Eurynorhynchus pygmeus*）是鹬科勺嘴鹬属的一种鸟，与中华凤头燕鸥、黑脸琵鹭一起被称为“闽江口三宝”，又名琵嘴鹬或匙嘴鹬。虹膜暗褐色；嘴黑色，基部宽厚而平扁，尖端扩大成铲状；脚黑色。

分布范围 主要分布在中国、孟加拉国、印度、日本、韩国、马来西亚、缅甸、菲律宾、新加坡、斯里兰卡、泰国和越南等国家和地区。

种群现状 根据国际鸟盟的调查显示，该物种全球少于200对。根据国际鸟盟预计，如果整体情况没有改善，勺嘴鹬将可能在未来踏上灭绝之路。

保护级别 已列入中国国家林业局2000年8月1日发布的《国家保护的有益的或者有重要经济、科学研究价值的陆生野生动物名录》。已列入《世界自然保护联盟（IUCN）濒危物种红色名录》ver 3.1（2012）——极危（CR）。

生活习性 常常单独活动，行走时常常低垂着头，不断地将嘴伸入水中或烂泥里，边走边用嘴在水中或泥里左右来回扫动前进。主要以昆虫、甲壳类和其他小型无脊椎动物为食。

鸥形目 Lariformes

鸥形目中的鸟，嘴细而侧扁，翅尖长，尾短圆或长而呈叉状，脚短，前趾间有蹼。世界各地有4科24属115种，中国有4科15属37种，多为海洋鸟类，有些见于内陆江河湖沼。喜群居。

北极鸥

北极鸥（学名：*Larus hyperboreus*）是一种大型海鸟。头、颈白色，嘴黄色，下嘴先端带红斑，背和翅上面灰白色；下体白色，脚粉红色；成鸟夏羽头、颈、腰和尾白色，肩、背和翅上覆羽淡灰色；冬羽头、颈部具有灰褐色纵纹。

分布范围 在中国常见于黑龙江、河北、山东、江苏、广东沿海等地。

种群现状 全球种群数量为34万~240万只。

保护级别 该种已列入中国国家林业局在2000年8月1日发布的《国家保护的有益的或者有重要经济、科学研究价值的陆生野生动物名录》。已列入《世界自然保护联盟（IUCN）濒危物种红色名录》（2012）——无危（LC）。

生活习性 常常成对或成小群活动在苔原湖泊、海岸岩石和沿海上空。飞翔能力强，善于游泳，在地上行走也很快。

红嘴鸥

红嘴鸥（学名：*Larus ridibundus*）俗称水鸽子，体形和毛色都与鸽子相似。嘴和脚均呈红色；大部分羽毛是白色，尾羽黑色；寿命一般32年左右。

分布范围 主要分布在中国西北部天山西部地区及东北部的湿地。在中国东部及北纬32度以南的湖泊、河流及沿海地带越冬。

种群现状 分布范围广，种群数量趋势稳定，因此被评为无生存危机的物种。

保护级别 已列入中国国家林业局2000年8月1日发布的《国家保护的有益的或者有重要经济、科学研究价值的陆生野生动物名录》。已列入《世界自然保护联盟（IUCN）濒危物种红色名录》ver 3.1（2012）——低危（LC）。

生活习性 在中国主要为冬候鸟，部分为夏候鸟。春季迁到东北繁殖地，常常3~5只成群活动。

灰背鸥

灰背鸥（学名：*Larus schistisagus*）是一种大型水鸟，体长62~69厘米。嘴直，黄色，下嘴前端有红色斑；头、颈和下体白色；背、肩和翅黑灰色；腰、尾上覆羽和尾羽白色；脚粉红色。

分布范围 分布在西伯利亚东北部、萨哈林岛、日本北海道等国家和地区。

种群现状 全球种群数量为2.5万~100万只，中国有50~10000只越冬鸟。

保护级别 已列入中国国家林业局2000年8月1日发布的《国家保护的有益的或者有重要经济、科学研究价值的陆生野生动物名录》。已列入《世界自然保护联盟（IUCN）濒危物种红色名录》ver 3.1（2012）——低危（LC）。

生活习性 成对或成小群活动，非繁殖期有时也集成大群。

黄脚银鸥

黄脚银鸥（学名：*Larus cachinnans*）是复合体中个体较大的鸥。上体浅灰至中灰，腿黄色；亚种上体灰色最浅，冬季腿鲜黄至肉色。

分布范围 繁殖地从黑海至哈萨克斯坦、俄罗斯南部、中国西北部等地。冬季南移至以色列、波斯湾等国家和地区。

保护级别 已列入《世界自然保护联盟（IUCN）濒危物种红色名录》——无危（LC）。受威胁程度较低，保护现状比较安全。

生活习性 冬季经中国到印度洋越冬，极少数见于中国南方沿海地区。

白翅浮鸥

白翅浮鸥（学名：*Chlidonias leucopterus*）的头和颈的全部以及上背均系绒黑色，肩部和腰为黑灰色，两翅的覆羽与翼缘呈白色。

分布范围 在中国主要繁殖于黑龙江、吉林、辽宁、内蒙古东北部、河北北部。越冬和迁徙时途经新疆、河北、浙江等地。

保护级别 已列入中国国家林业局2000年8月1日发布的《国家保护的有益的或者有重要经济、科学研究价值的陆生野生动物名录》。已列入《世界自然保护联盟（IUCN）濒危物种红色名录》ver 3.1（2016）——低危（LC）。

生活习性 常常成群活动。休息时多停栖在水中石头、电柱、木桩或地上。主要以小鱼、虾、昆虫和昆虫幼虫等水生动物为食。

细嘴鸥

细嘴鸥（学名：*Larus genei*）是鸥科中的一种中型的鸥。体形和羽色与未成年或冬季的红嘴鸥相似；外形特征是额低，颈、嘴、尾均长，肩、背和翅的上表面浅灰色；下体带有粉红色。

分布范围 在中国偶见于云南等地。在世界其他国家繁殖于哈萨克斯坦、阿富汗、巴基斯坦和印度西北部等地。

种群现状 通常营巢在海边沙滩和岛屿上，偶尔也在海边沼泽地上营巢。巢非常简陋，主要为地上的浅坑，内垫有枯草。

保护级别 已列入中国国家林业局2000年8月1日发布的《国家保护的有益的或者有重要经济、科学研究价值的陆生野生动物名录》。

生活习性 通常集成小群活动，有时也集成大群，飞行时敏捷而轻快。在潮涧带觅食，用嘴在淤泥中探索。

黑尾鸥

黑尾鸥（学名：*Larus crassirostris*）是一种中型水禽。头、颈、腰和尾上覆羽以及整个下体全为白色；背和两翅暗灰色，翅上初级覆羽黑色，其余覆羽暗灰色，大覆羽带灰白色；冬羽和夏羽相似，但头顶至后颈有灰褐色斑。

分布范围

在中国主要分布于吉林东部、辽宁南部，山东和福建沿海一带，在世界上还分布于萨哈林岛、俄罗斯远东海岸、日本和朝鲜等地。

种群现状

分布范围非常广，种群数量趋势稳定，因此被评为无生存危机的物种。

保护级别

已列入中国国家林业局2000年8月1日发布的《国家保护的有益的或者有重要经济、科学研究价值的陆生野生动物名录》。已列入《世界自然保护联盟（IUCN）濒危物种红色名录》ver 3.1（2012）——低危（LC）。

生活习性

主要栖息在沿海海岸、沙滩、悬岩、草地以及邻近的湖泊、河流和沼泽地带。常常成群活动。在海面上以捕食上层鱼类为食，也吃虾、软体动物和水生昆虫等。

须浮鸥

须浮鸥（学名：*Chlidonias hybrida*）是一种体形略小的浅色燕鸥。夏羽头顶部全黑色，眼部以下的头侧白色，上体灰色，双翅背面灰色较淡，腹面近白色，尾呈浅凹状，尾下覆羽白色，脚暗红色；冬羽头顶黑色消褪，仅枕部及穿眼纹明显保留，翅尖边缘黑色，上体淡灰色，下体白色，脚黑色。

分布范围 主要分布在中国、阿富汗、阿尔巴尼亚、乍得、科特迪瓦、克罗地亚、塞浦路斯等国家和地区。

种群现状 种群数量趋势稳定，因此被评为无生存危机的物种。

保护级别 已列入中国国家林业局2000年8月1日发布的《国家保护的有益的或者有重要经济、科学研究价值的陆生野生动物名录》。已列入《世界自然保护联盟（IUCN）濒危物种红色名录》ver 3.1（2013）——低危（LC）。

生活习性 结成小群活动，偶尔集成大群。主要以小鱼、虾、水生脊椎和无脊椎动物为食。

鸡形目

Galliformes

本目包括6科83属302种，分布在全世界。走禽，早成鸟，身体结实；喙短，呈圆锥形，适于啄食植物种子；翼短圆，不善于飞；脚强健，带锐爪，善于行走和掘地寻食。中国目前已记录到的野生鸡有2科63种，包括松鸡科8种、雉科55种，分别占世界总数的47%和36%，是世界上野生鸡类资源最丰富的国家。总种数居第一位，接近世界总种数的1/4，其中特有种19种，堪称雉鸡王国。

白腹锦鸡

白腹锦鸡（学名：*Chrysolophus amherstiae*）是雉科锦鸡属的一种鸟。雄鸟头顶、背、胸为金属翠绿色，羽冠紫红色；雌鸟上体及尾大部棕褐色，缀满黑斑，胸部棕色具黑斑。

分布范围 分布在中国西藏东南部，四川中部、西部和西南部，贵州西部和西南部，广西西部和云南等地。

种群现状 在中国曾有较广泛的分布和种群数量，但由于狩猎和生存环境被破坏，当前种群数量已明显减少。

保护级别 已列为中国国家二级重点保护动物。已列入《世界自然保护联盟（IUCN）濒危物种红色名录》ver 3.1（2012）—— 低危（LC）。

生活习性 夜间栖息在树冠隐蔽处，通常天亮后即下树在林中游荡觅食。

白冠长尾雉

白冠长尾雉（学名：*Syrmaticus reevesii*）是一种森林益鸟。体形优雅；羽色独特艳丽，极具观赏价值。

分布范围 中国特有的鸟种，分布于中国的河南、河北、陕西、山西、湖北、湖南、贵州和安徽等地。

种群现状 种群密度急剧下降。如果保护状况没有改善，将很快灭绝。

保护级别 已列入中国《国家重点保护野生动物名录》二级保护动物。已列入《中国濒危动物红皮书·鸟类》濒危物种。已列入《世界自然保护联盟（IUCN）濒危物种红色名录》ver 3.1（2012）——易危（VU）。已列入国际鸟类保护委员会（ICBP）《世界濒危鸟类红皮书》。

生活习性 通常成群活动，喜欢在常绿针阔混交林和落叶阔叶乔木林中栖息、隐蔽和觅食。性机警，听觉和视觉也非常敏锐，稍有动静，即刻逃离。

白鹇

白鹇（学名：*Lophura nythemera*）是一种大型鸡。雌雄异色；雄鸟上体白色密布黑纹，长而厚密、状如发丝的蓝黑色羽冠披于头后，脸裸露、赤红色，尾长、白色，两翅亦为白色，下体蓝黑色，脚红色；雌鸟通体橄榄褐色，羽冠近黑色。

分布范围 在中国主要分布于贵州、云南、四川、湖南、广东、广西、浙江、安徽、福建、江西、湖北和海南等地。

种群现状 尚有一定数量，不同亚种的情况也有差异，有些亚种在局部地区有较高的密度。

保护级别 已列入中国《国家重点保护野生动物名录》二级保护动物。列入《世界自然保护联盟（IUCN）濒危物种红色名录》ver 3.1（2012）——低危（LC）。

生活习性 成对或成3~6只的小群活动，由一只强壮的雄鸟和若干只成年雌鸟、不太强壮或年龄不大的雄鸟，以及幼鸟组成，群体内有严格的等级关系。

红腹角雉

红腹角雉（学名：*Tragopan temminckii*）属于鸡形目雉科。雄鸟体羽及两翅主要为深栗红色，满布带黑缘的灰色眼状斑，下体灰斑大而色浅；雌鸟上体灰褐色，下体淡黄色，杂以黑、棕、白斑。

分布范围 在中国分布于西藏东南部、贵州东北部、甘肃南部、陕西南部、湖南西部、湖北西南部、广西北部、四川西部和北部等地。

种群现状 它们的栖息地和种群正受到林木砍伐、采药、偷猎和拾取鸟蛋等人类干扰和威胁，数量在逐渐减少，因此应加强管理和保护。

保护级别 已列入中国《国家重点保护野生动物名录》二级保护动物，并被列入世界濒危鸟类名录N级。《世界自然保护联盟（IUCN）濒危物种红色名录》ver 3.1（2012）——无危（LC）。

生活习性 喜欢单独活动，只是在冬季偶尔结有小群。主要以乔木、草本植物和蕨类的嫩芽、嫩叶、花、果实和种子等为食。

红腹锦鸡

红腹锦鸡（学名：*Chrysolophus pictus*）又名金鸡，是一种中型鸡。该鸟全身羽毛颜色互相衬托，赤橙黄绿青蓝紫俱全，光彩夺目，是驰名中外的观赏鸟类；雄鸟羽色华丽，头具金黄色丝状羽冠，上体除上背浓绿色外，其余为金黄色；雌鸟头顶和后颈黑褐色，其余体羽棕黄色，满缀以黑褐色虫蠹状斑和横斑，脚黄色。

分布范围 中国特产物种，分布在青海东南部、甘肃、陕西、四川、湖北、云南、贵州、湖南和广西等地。

种群现状 非法捕猎对该物种野生种群造成巨大威胁，种群数量逐渐减少。

保护级别 已列入《中国濒危动物红皮书·鸟类》易危物种。已列入中国《国家重点保护野生动物名录》二级保护动物。已列入《世界自然保护联盟（IUCN）濒危物种红色名录》ver 3.1（2012）——低危（LC）。

生活习性 成群活动，特别是秋冬季，有时集群多达30余只，春、夏季亦见单独或成对活动。性机警，胆怯怕人。听觉和视觉敏锐，危险迫近时迅速飞上树隐没。

雉鸡

雉鸡（学名：*Phasianus colchicus*）共有31个亚种，体形较家鸡略小。雄鸟羽色华丽，分布在中国东部的几个亚种，颈部都有白色颈圈，尾羽长而有横斑；雌鸟的羽色暗淡。

分布范围 分布于中国、阿富汗、缅甸、塔吉克斯坦、土耳其、土库曼斯坦和乌兹别克斯坦等国家和地区。

种群现状 种群数量趋势稳定，因此被评为无生存危机的物种。

保护级别 已列入中国国家林业局2000年8月1日发布的《国家保护的有益的或者有重要经济、科学研究价值的陆生野生动物名录》。已列入《世界自然保护联盟（IUCN）濒危物种红色名录》ver 3.1（2012）——低危（LC）。

生活习性 脚强健，善于奔跑。杂食性，所吃食物随地区和季节而不同。

红原鸡

红原鸡（学名：*Gallus gallus*）个体比寻常鸡略大，是家鸡的野生祖先。雄鸟上体为带金属光泽的金黄、橙黄或橙红色；雌鸟上体大部分为黑褐色，上背黄色具黑纹，胸部棕色。

分布范围 在中国主要分布于云南、广西等地。

种群现状 种群数量趋势稳定，因此被评为无生存危机的物种。

保护级别 已列入中国《国家重点保护野生动物名录》二级保护动物。已列入《世界自然保护联盟（IUCN）濒危物种红色名录》ver 3.1（2016）——无危（LC）。

生活习性 除繁殖期外，常常成群生活。性机警而胆小，看见人或听见声响便迅速钻入林中或灌木丛中逃跑，危急时也振翅飞翔。晚上栖息在树上。

蓝马鸡

蓝马鸡（学名：*Crossoptilon auritum*）是珍稀名贵的禽类。头侧绯红，耳羽簇白色、突出于颈部顶上；通体蓝灰色；中央尾羽特长而翘起，尾羽披散下垂如马尾，故名蓝马鸡。

分布范围 中国特产，是高山寒冷地区的鸟类，终年留居在青海东北部和东部，甘肃西北部祁连山一带及南部，宁夏贺兰山及四川北部。

种群现状 种群数量趋势稳定，因此被评为无生存危机的物种。

保护级别 已列入《世界自然保护联盟（IUCN）濒危物种红色名录》ver 3.1（2016）——无危（LC）。

生活习性 喜欢10~30只成群地生活在一起。一般多在拂晓开始活动，主要以植物性食物为主，中午便隐匿于灌木丛中，到了傍晚则又活跃起来。

原鸡

原鸡（学名：*Gallus gallus*）共有13种，现存4种，个体略大，是家鸡的野生祖先。雄鸟上体为金黄、橙黄或橙红色，并具褐色羽干纹，脸部裸皮、肉冠及肉垂红色，且大而显著；雌鸟上体大部黑褐色，上背黄色具黑纹，胸部棕色。

分布范围 在中国分布于云南、广西等地。

种群现状 种群数量趋势稳定，因此被评为无生存危机的物种。

保护级别 已列入中国《国家重点保护野生动物名录》二级保护动物。已列入《世界自然保护联盟（IUCN）濒危物种红色名录》ver 3.1（2016）——无危（LC）。

生活习性 除繁殖期外，常常成群生活。性机警而胆小，晚上栖息在树上。

䴕形目 Piciformes

本目可分为鶲䴕亚目和䴕亚目。鶲䴕亚目包括须䴕科、响蜜䴕科、鵎鵼科等；䴕亚目只有啄木鸟科。此目鸟类除大洋洲及南极外，遍布于全世界，在中国有须䴕科8种、啄木鸟科29种。

大斑啄木鸟

大斑啄木鸟（学名：*Dendrocopos major*）的上体主要为黑色，额、颊和耳羽白色，肩和翅上各有一块大的白斑；尾黑色，外侧尾羽具黑白相间横斑；飞羽也具黑白相间的横斑；下体污白色，无斑，下腹和尾下覆羽鲜红色。

分布范围 在中国分布于新疆、内蒙古、黑龙江、吉林、辽宁、湖北、湖南、江西、浙江、福建、广东、广西和海南等地。

种群现状 种群数量趋势稳定，因此被评为无生存危机的物种。

保护级别 已列入中国国家林业局2000年8月1日发布的《国家保护的有益的或者有重要经济、科学研究价值的陆生野生动物名录》。已列入《世界自然保护联盟（IUCN）濒危物种红色名录》ver 3.1（2012）——低危（LC）。

生活习性 常常单独或成对活动，繁殖后期则成松散的家族群活动。多在树干和粗枝上觅食。如发现树皮或树干内有昆虫，就迅速啄木取食。

黑啄木鸟

黑啄木鸟（学名：*Dryocopus martius*）是一种大型的啄木鸟。通体几乎都是纯黑色；雄鸟额、头顶和枕部均为血红色；雌鸟仅头后有血红色；寿命一般为11年。

分布范围 在中国分布于新疆、内蒙古、黑龙江、吉林、辽宁、河北、河南、山东、江苏、安徽、山西和海南等地。

种群现状 种群数量趋势稳定，因此被评为无生存危机的物种。

保护级别 已列入《世界自然保护联盟（IUCN）濒危物种红色名录》ver 3.1（2014）——低危（LC）。

生活习性

飞行不平稳。常常单独活动，繁殖后期则成家族群。主要在树干、粗枝和枯木上取食，也常常到地面和腐朽的倒木上觅食蚂蚁和昆虫。

灰头绿啄木鸟

灰头绿啄木鸟（学名：*Picus canus*）是啄木鸟科的一种鸟。体长27厘米，嘴、脚铅灰色；雄鸟上体背部绿色，额部和头顶红色，枕部灰色并有黑纹，颊部和颏喉部灰色，髭纹黑色，腰部和尾上覆羽黄绿色；雌雄相似，但雌鸟头顶和额部绯红色。

分布范围 分布于中国、阿尔巴尼亚、匈牙利、印度、印度尼西亚、意大利、日本和哈萨克斯坦等国家和地区。

种群现状 种群数量趋势稳定，因此被评为无生存危机的物种。

保护级别 已列入《世界自然保护联盟（IUCN）濒危物种红色名录》ver 3.1（2012）——低危（LC）。

生活习性 主要以蚂蚁、小蠹虫、天牛幼虫、鳞翅目、鞘翅目、膜翅目等昆虫为食。常常单独或成对活动，很少成群。

星头啄木鸟

星头啄木鸟（学名：*Dendrocopos canicapillus*）是啄木鸟科啄木鸟属的一种小型鸟。额至头顶灰色或灰褐色，宽阔的白色眉纹自眼后延伸至颈侧。

分布范围 在中国主要分布于黑龙江东南部、吉林长白山、辽宁南部、河北、山西、甘肃、广西、广东、福建和海南等地。

种群现状 种群数量趋势稳定，因此被评为无生存危机的物种。

保护级别 已列入中国国家林业局2000年8月1日发布的《国家保护的有益的或者有重要经济、科学研究价值的陆生野生动物名录》。已列入《世界自然保护联盟（IUCN）濒危物种红色名录》ver 3.1（2012）——无危（LC）。

生活习性 常常单独或成对活动，只是在筑巢后带雏期间出现家族群。多在树上活动和取食。飞行迅速，呈波浪式前进。

棕腹啄木鸟

棕腹啄木鸟（学名：*Dendrocopos hyperythrus*）是一种中等体形的鸟，体长约20厘米。头顶部具红色斑带；嘴强直如凿；舌细长，能伸缩自如，先端并列生短钩；尾羽的羽干刚硬如棘，能以其尖端撑在树干上，帮助脚支持体重并攀木。

分布范围 分布于中国、孟加拉国、不丹、印度、老挝、缅甸、尼泊尔、泰国和越南等国家和地区。

种群现状 种群数量趋势稳定，因此被评为无生存危机的物种。

保护级别

已列入中国国家林业局2000年8月1日发布的《国家保护的有益的或者有重要经济、科学研究价值的陆生野生动物名录》。已列入《世界自然保护联盟（IUCN）濒危物种红色名录》ver3.1（2012）——低危（LC）。

生活习性

喜欢吃昆虫，尤其蚂蚁，也吃椿象、象甲、鳞翅目幼虫、不醒虫等。

雀形目 Passeriformes

中、小型鸣禽，喙形多样；鸣管结构及鸣肌复杂，大多善于鸣啭，叫声多变并且悦耳；筑巢大多精巧。雏鸟晚成性。雀形目种类及数量众多，适应各种生态环境，有100科5400种以上，是鸟类中最为庞杂的一目，占鸟类全部种类的一半以上。在中国有34科。

八哥

八哥（学名：*Acridotheres cristatellus*）通体黑色；前额有长而竖直的羽簇，冠状；嘴乳黄色；翅具白色翅斑，飞翔时尤为明显；尾羽和尾下覆羽具白色端斑；脚黄色。

分布范围 原产地为中国、老挝、缅甸、越南。在中国主要分布于四川、云南以东，河南和陕西以南的平原地区，东南沿海及海南一带。

种群现状 种群数量趋势稳定，因此被评为无生存危机的物种。

保护级别 已列入中国国家林业局2000年8月1日发布的《国家保护的有益的或者有重要经济、科学研究价值的陆生野生动物名录》。已列入《世界自然保护联盟（IUCN）濒危物种红色名录》ver 3.1（2012）——低危（LC）。

生活习性 常常站在水牛背上，或集群在大树、屋脊上，每到傍晚时常集成大群翔舞空中，噪鸣片刻后栖息，夜宿在竹林、大树或芦苇丛中。

白冠噪鹛

白冠噪鹛（学名：*Garrulax leucolophus*）是画眉科噪鹛属的一种中型鸟，体长28~32厘米。

分布范围 分布在中国、孟加拉国、不丹、柬埔寨、印度、缅甸、尼泊尔、泰国、越南等国家和地区。

种群现状 种群数量趋势稳定，因此被评为无生存危机的物种。

保护级别 已列入中国国家林业局2000年8月1日发布的《国家保护的有益的或者有重要经济、科学研究价值的陆生野生动物名录》。已列入《世界自然保护联盟（IUCN）濒危物种红色名录》ver 3.1（2012）——低危（LC）。

生活习性 喜欢结群。有时一只鸣叫，引起群中其他个体跟着高声齐鸣，叫声响亮，极为嘈杂、喧哗。多在地上落叶层中觅食。

白鹡鸰

白鹡鸰（学名：*Motacilla alba*）是雀形目鹡鸰科的一种小型鸣禽。体长约18厘米；体重23克；体羽为黑白二色；寿命一般为10年。

分布范围 在中国中北部广大地区为夏候鸟，在华南地区为留鸟，在海南越冬。

种群现状 种群数量趋势稳定，因此被评为无生存危机的物种。

保护级别 已列入中国国家林业局2000年8月1日发布的《国家保护的有益的或者有重要经济、科学研究价值的陆生野生动物名录》。已列入《世界自然保护联盟（IUCN）濒危物种红色名录》ver 3.1（2012）——低危（LC）。

生活习性 多栖息在地上或岩石上，有时也栖息在小灌木或树上。遇人则斜着起飞，边飞边鸣。

北朱雀

北朱雀（学名：*Carpodacus roseus*）是雀科朱雀属的一种鸟，俗名靠山雀。这种鸟羽色美丽，鸣声悦耳，是中国最普遍的笼鸟之一。

分布范围 分布在西伯利亚中部及东部等地区。冬季迁到中国北方、日本、朝鲜及哈萨克斯坦北部。

保护级别 已列入中国国家林业局2000年8月1日发布的《国家保护的有益的或者有重要经济、科学研究价值的陆生野生动物名录》。

生活习性 通常喜欢集群。秋季迁徙时部分成鸟和亚成鸟在中国越冬，到第二年春天便会离去。

白眉姬鹟

白眉姬鹟（学名：*Ficedula zanthopygia*）是一种小型鸟。雄鸟上体大部黑色，眉纹白色，在黑色的头上极为醒目，腰鲜黄色，两翅和尾黑色，翅上具白斑，下体鲜黄色；雌鸟上体大部橄榄绿色，腰鲜黄色，翅上亦具白斑，下体淡黄绿色。

分布范围

分布在中国、印度尼西亚、马来西亚、韩国、朝鲜、泰国、越南等国家和地区。旅鸟则主要分布在日本和斯里兰卡。

种群现状

种群数量趋势稳定，因此被评为无生存危机的物种。

保护级别

已列入中国国家林业局2000年8月1日发布的《国家保护的有益的或者有重要经济、科学研究价值的陆生野生动物名录》。已列入《世界自然保护联盟（IUCN）濒危物种红色名录》ver 3.1（2012）——低危（LC）。

生活习性

在中国长江以北以及四川和贵州地区主要为夏候鸟，长江以南地区多为旅鸟。常单独或成对活动，有时也在林下幼树和灌木上活动和觅食。

白头鹎

分布范围 在中国主要分布于长江流域及其以南大部分地区、陕西南部和河南一带。

种群现状 中国特有鸟，是中国长江流域的常见鸟。

保护级别 已列入中国国家林业局2000年8月1日发布的《国家保护的有益的或者有重要经济、科学研究价值的陆生野生动物名录》。已列入《世界自然保护联盟（IUCN）濒危物种红色名录》ver 3.1（2012）——低危（LC）。

生活习性 喜欢将巢筑在相思树或榕树上，每年春天3~5月是它的繁殖期。

白腰鹊鸲

白腰鹊鸲（学名：*Copsychus malabaricus*）体长20~28厘米，共有17个亚种。雄鸟整个头、颈、背、胸黑色具蓝色金属光泽，腰和尾上覆羽白色，尾呈凸状、黑色、非常长；雌鸟头颈偏棕色，胸以下栗黄色，腰和尾上覆羽为白色。

分布范围 在中国仅见于云南西南部和南部及海南等地。

种群现状 种群数量趋势稳定，因此被评为无生存危机的物种。

保护级别 已列入《世界自然保护联盟（IUCN）濒危物种红色名录》ver 3.1（2013）——低危（LC）。

生活习性 善于鸣叫，鸣叫时尾直竖，鸣声清脆婉转，悦耳多变，特别是繁殖期间雄鸟鸣叫声非常动听。

白腰朱顶雀

白腰朱顶雀（学名：*Carduelis flammea*）是雀科金翅雀属的一种鸟，又称普通朱顶雀，俗名贝宁点红、苏雀。

分布范围 在中国分布于宁夏、新疆、东北、华北、华东等地。

种群现状 种群数量趋势稳定，因此被评为无生存危机的物种。

保护级别 已列入中国国家林业局2000年8月1日发布的《国家保护的有益的或者有重要经济、科学研究价值的陆生野生动物名录》。

生活习性 栖息在溪边丛生柳林、沼泽化的多草疏林内和栎、榆等幼林中。性不怕人，人距它很近时方飞去。常常一鸟先飞，群鸟紧跟。

斑鸫

斑鸫（学名：*Turdus naumanni*）是一种中型鸟，体长22~25厘米。头顶和背羽橄榄色，具黑褐色纵纹；眉纹白色或棕白色；两胁和胸具黑色斑点；下体白色。

分布范围 在中国分布于黑龙江、吉林、辽宁、河北、甘肃、内蒙古、青海、广东、海南等地。在长江流域和长江以南地区为冬候鸟，在长江以北为旅鸟。

种群现状 该物种种群数量趋势稳定，因此被评为无生存危机的物种。

保护级别 已列入《世界自然保护联盟（IUCN）濒危物种红色名录》ver 3.1（2013）——低危（LC）。

生活习性 春季迁来时间最早在3月末，4月初至4月中旬进入迁徙高峰。5月初以后一般难以见到此鸟。

北红尾鸲

北红尾鸲（学名：*Phoenicurus auroreus*）是一种小型鸟，体长13~15厘米。雄鸟头顶至背部石板灰色，下背和两翅黑色具有明显的白色翅斑，腰、尾上覆羽和尾棕色，中央一对尾羽和最外侧一对尾羽外翈黑色；雌鸟上体橄榄褐色，两翅黑褐色具白斑，眼圈微白，下体暗黄褐色。

分布范围 在中国主要分布于黑龙江、吉林、辽宁、内蒙古东北部、北京、河北北部、山西北部、四川、贵州、云南西北部等地。越冬于云南南部、西藏南部和海南等地。

种群现状 种群数量趋势稳定，因此被评为无生存危机的物种。

保护级别 已列入《世界自然保护联盟（IUCN）濒危物种红色名录》ver 3.1（2012）——低危（LC）。

生活习性 在中国主要为夏候鸟和部分冬候鸟。常常单独或成对活动。行动敏捷，频繁地在地上和灌木丛间跳来跳去、啄食虫子。

北椋鸟

北椋鸟（学名：*Sturnus sturninus*）是雀形目椋鸟科的一种鸟，体长约18厘米。背部深色，腹部白色；喜欢栖息在阔叶林或田野；叫声变化多端，善于模仿。

分布范围 在中国主要分布于内蒙古、吉林、黑龙江、辽宁、河北、陕西、山西、四川、云南、广东、海南等地。

种群现状 种群数量趋势稳定，因此被评为无生存危机的物种。

保护级别 已列入中国国家林业局2000年8月1日发布的《国家保护的有益的或者有重要经济、科学研究价值的陆生野生动物名录》。已列入《世界自然保护联盟（IUCN）濒危物种红色名录》ver 3.1（2012）——低危（LC）。

生活习性 喜欢成群。常常在草甸、河谷、农田等潮湿地上觅食，休息时多栖息在电线上、电柱上和树木枯枝上。

白领凤鹛

白领凤鹛（学名：*Yuhina diademata*）的头顶和羽冠土褐色，具白色眼圈，眼先黑色，枕白色，向两侧延伸至眼，向下延伸至后颈和颈侧，在颈部形成白领，极为醒目。

分布范围 分布在中国西部、缅甸东北部及越南北部。

种群现状 种群数量趋势稳定，因此被评为无生存危机的物种。

保护级别 已列入《世界自然保护联盟（IUCN）濒危物种红色名录》ver 3.1（2012）——低危（LC）。

生活习性 常常在树冠层枝叶间活动和觅食。

赤尾噪鹛

赤尾噪鹛（学名：*Garrulax milnei*）是一种中型鸟。头顶至后颈红棕色；眼先、眉纹、颊、颏和喉黑色，眼后有一灰色块状斑；两翅和尾鲜红色。

分布范围 主要分布于中国、老挝、缅甸、泰国、越南等国家和地区。在中国主要分布于四川、贵州、云南、广西、福建等地。

种群现状 全球种群未量化。但在原产地被描述为极罕见或稀有物种。在中国种群数量稀少，不常见。

保护级别 已列入《世界自然保护联盟（IUCN）濒危物种红色名录》（2012）——无危（LC）。

生活习性 常常成对或成3~5只的小群活动。性胆怯，善于鸣叫，鸣声嘈杂。

达乌里寒鸦

达乌里寒鸦（学名：*Corvus dauuricus*）是一种小型鸦，体长30~35厘米。全身羽毛主要为黑色，后颈宽阔的白色颈圈向两侧延伸至胸和腹部。

分布范围 在中国分布于黑龙江、吉林、辽宁、内蒙古、河北等地。部分在东北、华北、华东、长江流域、东南沿海和西藏南部地区越冬。

种群现状 种群数量趋势稳定，因此被评为无生存危机的物种。

保护级别 已列入中国国家林业局2000年8月1日发布的《国家保护的有益的或者有重要经济、科学研究价值的陆生野生动物名录》。已列入《世界自然保护联盟（IUCN）濒危物种红色名录》ver 3.1（2013）——无危（LC）。

生活习性 在中国繁殖的达乌里寒鸦均为留鸟，部分为冬候鸟。主要在地上觅食，有时跟在犁头后啄食，性较大胆。

大山雀

大山雀（学名：*Parus major*）是一种中小型鸟，体长13~15厘米。整个头部为黑色，头两侧各具一大型白斑；上体蓝灰色，背沾绿色；下体白色。

分布范围 在中国主要分布于黑龙江、吉林、辽宁、内蒙古东北部和东南部、河北、山西、青海、甘肃、新疆北部、浙江、福建、广东、广西和海南等地。

保护级别 已列入中国国家林业局2000年8月1日发布的《国家保护的有益的或者有重要经济、科学研究价值的陆生野生动物名录》。已列入《世界自然保护联盟（IUCN）濒危物种红色名录》ver 3.1（2016）——无危（LC）。

生活习性 性较活泼而大胆，不太怕人。行动敏捷，常常在树枝间穿梭跳跃。主要以金花虫、金龟子、蚂蚁等昆虫为食。

戴菊

戴菊（学名：*Regulus regulus*）是一种小型鸟，体长9~10厘米。头顶中央有柠檬黄色或橙黄色羽冠，两侧有明显的黑色侧冠纹，眼周灰白色；腰和尾上覆羽黄绿色；两翅和尾黑褐色，尾外翈羽缘橄榄黄绿色；初级和次级飞羽羽缘淡黄绿色。

分布范围 在中国主要分布于新疆、青海、甘肃、陕西、西藏、黑龙江和吉林等地，迁徙或越冬于辽宁、甘肃、青海、浙江、福建等地。

种群现状 在中国分布较广，种群数量较丰富。欧洲的种群数量为3万~6万只。

保护级别 已列入中国国家林业局2000年8月1日发布的《国家保护的有益的或者有重要经济、科学研究价值的陆生野生动物名录》。已列入《世界自然保护联盟（IUCN）濒危物种红色名录》（2012）——无危（LC）。

生活习性 主要为留鸟，部分游荡或迁徙。性活泼好动，行动敏捷，常常在针叶树枝间跳来跳去。

东方大苇莺

东方大苇莺（学名：*Acrocephalus orientalis*）是苇莺科苇莺属的一种鸟。体形略大于褐色苇莺；具显著的黄色眉纹。

分布范围 在中国主要分布于内蒙古、黑龙江、吉林、辽宁、北京、河北、山东、云南和浙江等地。旅鸟也见于广东、海南等地。

种群现状 种群数量趋势稳定，因此被评为无生存危机的物种。

保护级别 已列入《世界自然保护联盟（IUCN）濒危物种红色名录》ver 3.1（2012）——低危（LC）。

生活习性 喜欢活动在芦苇地、稻田、沼泽及灌木丛等。

黑额凤鹛

黑额凤鹛（学名：*Yuhina nigrimenta*）是鹟科凤鹛属的一种鸟，俗名黑颏凤鹛。头黑色；上体余部橄榄褐色；下体余部黄褐色。

分布范围

在中国主要分布于陕西西部、西藏东南部、云南、四川、贵州、湖北、湖南、浙江、福建和广西等地。

生活习性

性活泼而喜欢结群，夏季多见于海拔530~2300米的山区森林、过伐林及次生灌木丛的树冠层中，有时与其他种类结成大群。

灰椋鸟

灰椋鸟（学名：*Sturnus cineraceus*）是雀形目椋鸟科的一种鸟。头顶至后颈黑色，额和头顶杂有白色；嘴橙红色，尖端黑色；颊和耳覆羽白色杂有黑色纵纹；脚橙黄色。

分布范围 在中国主要分布于黑龙江、吉林、辽宁、内蒙古东北部和东南部、河北、山西等地。越冬或迁徙经于河北、河南、山东南部，往南至长江流域、东南沿海等地。

种群现状 种群数量趋势稳定，因此被评为无生存危机的物种。

保护级别 已列入《世界自然保护联盟（IUCN）濒危物种红色名录》ver 3.1（2012）——低危（LC）。

生活习性 杂食性鸟类，夏季大都以捕取鳞翅目幼虫、螟蛾幼虫、蚂蚁、虻、胡蜂等昆虫为食。在冬季则主要啄食野生植物的果实和种子。

黑卷尾

黑卷尾（学名：*Dicrurus macrocercus*）是雀形目卷尾科的一种鸟。通体黑色；上体、胸部及尾羽具辉蓝色光泽；尾长、为深凹形，最外侧一对尾羽向外上方卷曲。

分布范围 夏候鸟主要分布在中国的吉林、西藏等地，在云南和海南等地主要为留鸟。

种群现状 种群数量趋势稳定，因此被评为无生存危机的物种。

保护级别 已列入中国国家林业局2000年8月1日发布的《国家保护的有益的或者有重要经济、科学研究价值的陆生野生动物名录》。已列入《世界自然保护联盟（IUCN）濒危物种红色名录》ver 3.1（2012）——低危（LC）。

生活习性 栖息在山麓或沿溪的树顶，或在田野间的电线杆上。它还常常落在草场上放牧的家畜背上，啄食被家畜惊起的虫。喜欢结群、鸣闹、咬架，是一种好斗的鸟。

黑眉柳莺

黑眉柳莺（学名：*Phylloscopus ricketti*）上体橄榄绿色，头顶两侧各有一条黑色侧冠纹，眉纹黄色，贯眼纹黑色，翅上有两道淡黄色斑，最外侧一对尾羽内翈羽缘白色；下体亮黄色，两胁沾绿。

分布范围 在中国主要分布于四川、贵州、云南、湖北、湖南、广东、广西、福建和海南等地。

种群现状 种群数量趋势稳定，因此被评为无生存危机的物种。

保护级别 已列入中国国家林业局2000年8月1日发布的《国家保护的有益的或者有重要经济、科学研究价值的陆生野生动物名录》。已列入《世界自然保护联盟（IUCN）濒危物种红色名录》ver 3.1（2012）——低危（LC）。

生活习性 除繁殖期间单独或成对活动外，其他时候多数集成群，也常常与其他小鸟混群活动和觅食。性活泼。

黑尾蜡嘴雀

黑尾蜡嘴雀（学名：*Eophona migratoria*）又名蜡嘴，是一种中型鸟。体大而圆墩，嘴粗大、黄色。雄鸟头灰黑色，背、肩灰褐色，腰和尾上覆羽浅灰色，两翅和尾黑色；雌鸟头、背栗褐色，腹部灰褐色，尾羽灰褐色。

分布范围 在中国主要分布于黑龙江、吉林、辽宁、内蒙古东北部和东南部、河南和福建等地。在东北至华北地区为夏候鸟，在西南、华南等地越冬。

种群现状 种群数量趋势稳定，因此被评为无生存危机的物种。

保护级别 已列入中国国家林业局2000年8月1日发布的《国家保护的有益的或者有重要经济、科学研究价值的陆生野生动物名录》。已列入《世界自然保护联盟（IUCN）濒危物种红色名录》ver3.1（2012）——低危（LC）。

生活习性 夏候鸟或留鸟。每年4月初从中国南方迁至东北繁殖。主要以种子、果实、草籽、嫩叶、嫩芽等植物性食物为食，也吃部分昆虫。

黑枕黄鹂

黑枕黄鹂（学名：*Oriolus chinensis*）是一种中型雀。外型大小和金黄鹂相似，体长23~27厘米。通体都是金黄色；两翅和尾黑色。

分布范围 在中国主要分布于黑龙江、吉林、辽宁、内蒙古、河北、山东、山西、陕西、甘肃、四川、贵州、云南、江苏、浙江和广东等地。在世界其他地方主要分布于孟加拉国、柬埔寨、印度尼西亚、越南等国家和地区。

种群现状 种群数量趋势稳定，因此被评为无生存危机的物种。

保护级别 已列入《世界自然保护联盟（IUCN）濒危物种红色名录》ver 3.1（2016）——低危（LC）。

生活习性 常单独或成对活动。主要在高大乔木的树冠层活动，很少下到地面。

红点颏

红点颏（学名：*Luscinia calliope*）又名红喉歌鸲。雄鸟头部、上体主要为橄榄褐色，眉纹白色，颏部、喉部红色，胸部灰色，腹部白色；雌鸟颏部、喉部不呈赤红色，而为白色。

分布范围 繁殖于中国东北、青海东北部、甘肃南部以及四川等地。

种群现状 种群数量趋势稳定，因此被评为无生存危机的物种。

保护级别 已列入《世界自然保护联盟（IUCN）濒危物种红色名录》ver 3.1（2013）——低危（LC）。

生活习性 属于地栖性迁徙候鸟，夏天在中国最北边繁殖，秋末迁徙到最南部越冬。夜间靠星象及磁场导航迁徙，白天休息。喜欢在地面活动。以昆虫为食，也吃少量植物性食物。

红耳鹎

红耳鹎（学名：*Pycnonotus jocosus*）是鹎科鹎属的一种鸟。额至头顶黑色，头顶有耸立的黑色羽冠，眼下后方有一鲜红色斑，其下又有一白斑，在头部非常醒目；上体褐色；尾黑褐色，外侧尾羽带白色端斑。

分布范围 分布于中国、孟加拉国、不丹、柬埔寨、印度、马来西亚、缅甸、尼泊尔、泰国、越南等国家和地区。

种群现状 种群数量趋势稳定，因此被评为无生存危机的物种。

保护级别 已列入中国国家林业局2000年8月1日发布的《国家保护的有益的或者有重要经济、科学研究价值的陆生野生动物名录》。已列入《世界自然保护联盟（IUCN）濒危物种红色名录》ver 3.1（2012）——无危（LC）。

生活习性 留鸟。性活泼，整天多数时候都在乔木树冠层或灌木丛中活动和觅食。善于鸣叫，鸣声轻快悦耳。

红腹灰雀

红腹灰雀（学名：*Pyrrhula pyrrhula*）是雀形目雀科灰雀属的一种鸟。在欧亚大陆有6种色彩鲜艳的红腹灰雀，其中一种最普通的灰雀外表呈黑色和白色；雄性的腹部呈红色。

分布范围 分布在欧亚大陆的温带区，罕见于中国。指名亚种迁徙时有记录于中国东北。亚种越冬于中国西北部天山、黑龙江南部、辽宁及河北北部。迷鸟至江苏及上海。

保护级别 受威胁程度较低，保护现状比较稳定。

生活习性 多栖息在山区的白桦林和次生林区，冬季至海拔800米以下的针、阔混交林和平原的杂木林中。

红尾伯劳

红尾伯劳（学名：*Lanius cristatus*）是伯劳科伯劳属的一种鸟，俗名褐伯劳。头顶灰色或红棕色、带有白色眉纹和粗著的黑色贯眼纹；上体棕褐或灰褐色；两翅黑褐色。

分布范围 在中国主要分布于黑龙江、吉林、辽宁、内蒙古、陕西、河北、河南、广西、云南、贵州和海南等地。

种群现状 种群数量趋势稳定，因此被评为无生存危机的物种。

保护级别 已列入中国国家林业局2000年8月1日发布的《国家保护的有益的或者有重要经济、科学研究价值的陆生野生动物名录》。已列入《世界自然保护联盟（IUCN）濒危物种红色名录》ver 3.1（2012）——低危（LC）。

生活习性 繁殖于中国黑龙江，迁徙时经过中国东部；指名亚种为冬候鸟，迁徙时经过中国东部的大多地区；日本亚种冬季南迁至云南、华南及海南越冬。单独或成对活动，性活泼，常在枝头跳跃。主要以昆虫等为食。

红尾水鸲

红尾水鸲（学名：*Rhyacornis fuliginosus*）是鹟科水鸲属的一种小型鸟。雄鸟通体大都暗灰蓝色，翅黑褐色，尾羽和尾的上、下覆羽均为栗红色；雌鸟上体灰褐色，翅褐色，带两道白色点状斑，尾羽白色。

分布范围 在中国主要分布于华北、华东、华中、华南和西南等地。

种群现状 种群数量趋势稳定，因此被评为无生存危机的物种。

保护级别 已列入《世界自然保护联盟（IUCN）濒危物种红色名录》ver 3.1（2013）——低危（LC）。

生活习性 常常单独或成对活动。多站立在水边或水中石头上，停立时尾常常不断地上下摆动，间或还将尾散成扇状，并左右来回摆动。

红胁蓝尾鸲

红胁蓝尾鸲（学名：*Tarsiger cyanurus*）是体形略小而喉白的一种鸲。它的明显特征是橘黄色两胁与白色腹部及臀形成对比。雄鸟的上体蓝色，眉纹白；雌鸟及亚成鸟上体褐色，尾蓝。

分布范围 在中国主要繁殖于东北和西南地区，越冬在长江流域和长江以南广大地区。

种群现状 种群数量趋势稳定，因此被评为无生存危机的物种。

保护级别 已列入中国国家林业局2000年8月1日发布的《国家保护的有益的或者有重要经济、科学研究价值的陆生野生动物名录》。已列入《世界自然保护联盟（IUCN）濒危物种红色名录》ver 3.1（2012）——低危（LC）。

生活习性 常常单独或成对活动，有时亦见成3~5只的小群，尤其是秋季。在中国繁殖越冬，既是夏候鸟，也是冬候鸟。

红胁绣眼鸟

红胁绣眼鸟（学名：*Zosterops erythropleurus*）的头顶为黄色，下颚颜色较淡，黄色的喉斑较小，眼周带有明显的白圈，虹膜红褐，嘴橄榄色；两胁栗色；脚灰色。

分布范围 分布在中国黑龙江、吉林、河北、浙江、福建、贵州、云南等地。繁殖在中国东北，越冬时往南至华中、华南及华东等地。

种群现状 种群数量趋势稳定，因此被评为无生存危机的物种。

保护级别 已列入中国国家林业局2000年8月1日发布的《国家保护的有益的或者有重要经济、科学研究价值的陆生野生动物名录》。已列入《世界自然保护联盟（IUCN）濒危物种红色名录》ver 3.1（2016）——无危（LC）。

生活习性 主要在花中取食昆虫，也食少量浆果。

红嘴蓝鹊

红嘴蓝鹊（学名：*Urocissa erythroryncha*）是一种大型鸦。嘴、脚红色；头、颈、喉和胸黑色，头顶至后颈有一块白色至淡蓝白色或紫灰色块斑，其余上体紫蓝灰色或淡蓝灰褐色；下体白色；尾长、呈凸状，具黑色亚端斑和白色端斑。

分布范围 分布于中国北京、河北、内蒙古、辽宁、江苏、江西、河南、湖南、广东、宁夏和福建等地。

种群现状 分布范围广，种群数量趋势稳定，因此被评为无生存危机的物种。

保护级别 已列入中国国家林业局2000年8月1日发布的《国家保护的有益的或者有重要经济、科学研究价值的陆生野生动物名录》。已列入《世界自然保护联盟（IUCN）濒危物种红色名录》ver 3.1（2013）——低危（LC）。

生活习性 喜欢群栖，经常成对或成3~5只、10余只的小群活动。性活泼而嘈杂，常常在枝间跳上跳下。

红嘴相思鸟

红嘴相思鸟（学名：*Leiothrix lutea*）是一种小型鸟。嘴赤红色；上体暗灰绿色，眼先、眼周淡黄色，耳羽浅灰色或橄榄灰色，颏、喉黄色，胸橙黄色；两翅带黄色和红色翅斑；尾叉状、黑色。

分布范围 分布在中国甘肃南部、陕西南部、浙江、福建、四川、贵州、云南和西藏南部等地。

种群现状 种群数量趋势稳定，因此被评为无生存危机的物种。

保护级别 已列入中国国家林业局2000年8月1日发布的《国家保护的有益的或者有重要经济、科学研究价值的陆生野生动物名录》。已列入《世界自然保护联盟（IUCN）濒危物种红色名录》ver 3.1（2012）——低危（LC）。

生活习性 性大胆，不太怕人。善于鸣叫，尤其繁殖期间鸣声响亮、婉转动听。

画眉鸟

画眉鸟（学名：*Garrulax canorus*）是雀形目画眉科的一种鸟。全身大部分为棕褐色；头顶到上背具有黑褐色的纵纹，眼圈白色并且向后延伸成狭窄的眉纹。

分布范围 在中国主要分布于华中、华南、东南的灌木丛及次生林。

种群现状 种群数量趋势稳定，因此被评为无生存危机的物种。

保护级别 已列入《世界自然保护联盟（IUCN）濒危物种红色名录》ver 3.1（2013）——低危（LC）。

生活习性 在中国生活于长江以南的山林地区，喜欢在灌木丛中穿飞和栖息，常常在林下的草丛中觅食，不善于远距离飞行。

黄喉鹀

黄喉鹀（学名：*Emberiza elegans*）是一种小型鸣禽，与雀科的鸟相比较为细弱。雄鸟有一短而竖直的黑色羽冠，眉纹自额至枕侧长而宽阔，前段为黄白色、后段为鲜黄色；雌鸟和雄鸟大致相似，但羽色较淡，头部黑色转为褐色，前胸黑色半月形斑不明显或消失。

分布范围 在中国主要分布于内蒙古、黑龙江、吉林、河北、河南、山东、山西、陕西、湖南、云南、贵州、江苏、浙江、福建和广东等地。其中在东北地区为夏候鸟，在贵州、云南为留鸟，在福建、广东等地为冬候鸟，在其他地区为旅鸟。

种群现状 种群数量趋势稳定，因此被评为无生存危机的物种。

保护级别 已列入中国国家林业局2000年8月1日发布的《国家保护的有益的或者有重要经济、科学研究价值的陆生野生动物名录》。已列入《世界自然保护联盟（IUCN）濒危物种红色名录》ver 3.1（2009）——低危（LC）。

生活习性 性活泼而胆小。多沿着地面低空飞翔，觅食也多在林下层灌木丛与草丛中或地上，有时也在乔木树冠层的枝叶间。

黄眉柳莺

黄眉柳莺（学名：*Phylloscopus inornatus*）是鹟科柳莺属的一种鸟，是中国最常见的、数量最多的小型食虫鸟。它们的体形比麻雀小得多；嘴细尖；背羽以橄榄绿色或褐色为主；下体淡白。

分布范围

分布于中国新疆、内蒙古、黑龙江、吉林、甘肃、宁夏、青海、西藏、四川、云南等地。迁徙和越冬在山东、陕西、福建和海南等地。

种群现状

该物种分布范围广，种群数量趋势稳定，因此被评为无生存危机的物种。

保护级别

已列入中国国家林业局2000年8月1日发布的《国家保护的有益的或者有重要经济、科学研究价值的陆生野生动物名录》。

生活习性

繁殖期为5~8月。迁入繁殖地15~20天后，开始配对。常常单独或三五成群活动，很少见其集成大群活动。由于体小色绿，在树林间短距离窜飞时，通常难以发现。

灰背鸫

灰背鸫（学名：*Turdus hortulorum*）是一种中型鸟，体长20~23厘米，体重50~73克。上体石板灰色；颏、喉灰白色；胸淡灰色，两胁和翅下覆羽栗色，两翅和尾黑色。

分布范围 在中国主要分布于辽宁、北京、河北、山东、江苏、湖南、浙江、福建、广西、广东、云南和海南等地。

种群现状 种群数量趋势稳定，因此被评为无生存危机的物种。

保护级别 已列入中国国家林业局2000年8月1日发布的《国家保护的有益的或者有重要经济、科学研究价值的陆生野生动物名录》。已列入《世界自然保护联盟（IUCN）濒危物种红色名录》ver 3.1（2012）——低危（LC）。

生活习性 多活动在林缘、荒地、林间空地和农田等开阔地带。经常在地上觅食。

灰鹡鸰

灰鹡鸰（学名：*Motacilla cinerea*）是雀形目鹡鸰科的一种中小型鸣禽。体形较纤细；飞行时白色翼斑和黄色的腰显现，并且尾比较长。

分布范围 在中国分布于东北、内蒙古、河北、山西、陕西、甘肃、四川北部、新疆、青海、河南、山东、湖北、安徽、江苏、四川和西藏南部等地。

种群现状 种群数量趋势稳定，因此被评为无生存危机的物种。

保护级别 已列入中国国家林业局2000年8月1日发布的《国家保护的有益的或者有重要经济、科学研究价值的陆生野生动物名录》。已列入《世界自然保护联盟（IUCN）濒危物种红色名录》ver 3.1（2012）—— 低危（LC）。

生活习性 常常单独或成对活动，有时也集成小群或与白鹡鸰混群。

灰喜鹊

灰喜鹊（学名：*Cyanopica cyana*）是雀形目鸦科的一种中型鸟。外形酷似喜鹊，但稍小；嘴、脚黑色；额到后颈黑色，背灰色，两翅和尾灰蓝色；尾长、呈凸状带白色。

分布范围 在中国主要分布于东北、华北、内蒙古、山西、甘肃、四川等地。

种群现状 种群数量趋势稳定，因此被评为无生存危机的物种。

保护级别 已列入中国国家林业局2000年8月1日发布的《国家保护的有益的或者有重要经济、科学研究价值的陆生野生动物名录》。已列入《世界自然保护联盟（IUCN）濒危物种红色名录》ver 3.1（2012）—— 低危（LC）。

生活习性 杂食性的鸟类，但以动物性食物为主，兼食一些乔灌木的果实及种子。

火尾希鹛

分布范围 在中国主要分布于四川、贵州、云南、西藏、广西等地。

种群现状 由于栖息地被不断地破坏和分裂，导致种群数量呈下降趋势，在中国种群数量不多。

保护级别 已列入《世界自然保护联盟（IUCN）濒危物种红色名录》ver 3.1（2012）——无危（LC）。

生活习性 多在茂密森林中树冠层活动，有时也在枝叶间穿梭跳跃，或在树桩上的苔藓和地衣下觅食。

交嘴雀

交嘴雀（学名：*Loxia*）又名交喙鸟、青交嘴，是雀形目雀科的一种鸟。体形较大；上下嘴先端交叉，易与其他鸟类区别。

分布范围 在中国主要分布于东北南部、长江下游、西南、西北部和新疆等地。在世界其他地区主要分布于北欧、北美、西伯利亚、中亚、非洲西北部等地。越冬南迁至中国辽宁及河北等地。

种群现状 种群数量趋势稳定，因此被评为无生存危机的物种。

保护级别 已被列入中国国家林业局2000年8月1日发布的《国家保护的有益的或者有重要经济、科学研究价值的陆生野生动物名录》。

生活习性 冬季游荡并且部分鸟结群迁徙。主要生活在松林地带，飞行迅速而带起伏。倒悬进食，用交嘴嗑开松子。

金冠树八哥

金冠树八哥（学名：*Ampeliceps coronatus*）是椋鸟科树八哥属的一种鸟，体长约23厘米。通体呈黑色；最明显的特征为具翼斑及颏黄色，脸颊裸露皮肤粉黄色。

分布范围 在中国主要分布于云南、广东等地。

保护级别 已列入中国国家林业局2000年8月1日发布的《国家保护的有益的或者有重要经济、科学研究价值的陆生野生动物名录》。

生活习性 结成小群活动在林冠层。

栗耳短脚鹎

栗耳短脚鹎（学名：*Hypsipetes amaurotis*）是鹎科短脚鹎属的一种鸟。头顶和枕部羽若矛状，呈浅褐灰色，羽端浅灰色；上体褐色，羽缘染灰；两翅和尾均褐色。

分布范围 在中国分布于东北地区以及河北、浙江和上海等地。

种群现状 分布范围广，种群数量趋势稳定，因此被评为无生存危机的物种。

保护级别 已列入《世界自然保护联盟（IUCN）濒危物种红色名录》ver 3.1（2016）——无危（LC）。

生活习性 栖息在森林、落叶林地、农耕地及林园。

蓝绿鹊

蓝绿鹊（学名：*Cissa chinensis*）是一种中型鸟，共有5个亚种。通体羽色主要为草绿色，宽阔的黑色贯眼纹向后延伸到后颈，在绿色的头侧极为醒目；嘴、两翅、脚基本呈红色；尾长、绿色。

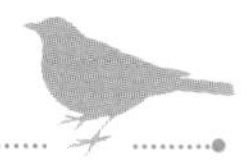

分布范围 在中国主要分布在云南西部盈江、沧源，云南南部西双版纳、绿春，云南东南部，广西和西藏墨脱等地。

种群现状 由于栖息地不断地被破坏和分裂，导致种群数量呈下降趋势。

保护级别 已列入中国《国家重点保护野生动物名录》二级保护动物。已列入中国国家林业局2000年8月1日发布的《国家保护的有益的或者有重要经济、科学研究价值的陆生野生动物名录》。已列入《世界自然保护联盟（IUCN）濒危物种红色名录》ver 3.1（2012）——低危（LC）。

生活习性 常常单独或成对活动。叫声粗犷、洪亮，较为嘈杂。

中华攀雀

中华攀雀（学名：*Remiz consobrinus*）是山雀科攀雀属的一种小型鸟。雄鸟的顶冠灰，脸罩黑，背棕色，尾凹形；雌鸟及幼鸟似雄鸟但色暗，脸罩略呈深色。

分布范围 在中国北方非常常见。

生活习性 栖息在高山针叶林或混交林间，也活动在低山开阔的村庄附近，冬季见于平原地区。主要以昆虫为食，也吃植物的叶、花、芽、花粉和汁液。捕获猎物的方式和一般的山雀相同。

煤山雀

煤山雀（学名：*Parus ater*）是一种栖息于针叶林的小型鸣禽。头部黑色，具羽冠；两颊和后颈中央白色；上体深灰，翅上具两道白斑；下体白色。

分布范围 分布于中国、亚美尼亚、阿富汗、阿尔巴尼亚、阿尔及利亚、安道尔、缅甸等国家和地区。

种群现状 种群数量趋势稳定，因此被评为无生存危机的物种。

保护级别 已列入中国国家林业局2000年8月1日发布的《国家保护的有益的或者有重要经济、科学研究价值的陆生野生动物名录》。已列入《世界自然保护联盟（IUCN）濒危物种红色名录》ver 3.1（2012）——低危（LC）。

生活习性 性较活泼而大胆，不太怕人。除繁殖期间成对活动外，其他季节多聚小群，有时也和其他山雀混群。

普通䴓

普通䴓（学名：*Sitta europaea*）是小型鸣禽。嘴细长而直；头颈两侧可见黑色纹，由鼻孔一直伸到颈侧；体色灰蓝，腹面棕色；尾羽短。

分布范围 分布于中国、阿塞拜疆、德国、希腊、日本、哈萨克斯坦等国家和地区。

生活习性 一种留鸟。在冬季有储存食物的习性。常栖息在落叶树林及公园，经常在老树上筑巢。

鹊鸲

鹊鸲（学名：*Copsychus saularis*）是雀形目鹟科鹊鸲属的一种鸟。嘴黑色、形粗健而直，尾呈凸尾状；尾与翅几乎等长或较翅稍长；雌雄两性羽色相异。

分布范围 在中国广泛分布于长江流域及其以南地区。

种群现状 种群数量趋势稳定，因此被评为无生存危机的物种。

保护级别 已列入中国国家林业局2000年8月1日发布的《国家保护的有益的或者有重要经济、科学研究价值的陆生野生动物名录》。已列入《世界自然保护联盟（IUCN）濒危物种红色名录》ver 3.1（2012）—— 低危（LC）。

生活习性 性活泼、大胆、不怕人、好斗，特别是在繁殖期，常常为争偶而格斗。休息时常展翅翘尾。

寿带鸟

寿带鸟（学名：*Terpsiphone paradisi*）又名绶带鸟，共有14个亚种。雄鸟有两种色形，体长连尾羽约30厘米，头、颈和羽冠均带深蓝辉光，身体其余部分白色而具黑色羽干纹；雌鸟较雄鸟短小，它的体态美丽，体形似麻雀大小，上体及背部红褐色，下体呈白色。

分布范围 在中国普通亚种分布于华北、华中、华南等地。

种群现状 种群数量趋势稳定，因此被评为无生存危机的物种。但常被捕捉作为笼鸟，因此要注意保护。

保护级别 已列入《世界自然保护联盟（IUCN）濒危物种红色名录》ver 3.1（2012）——低危（LC）。

生活习性 性羞怯，飞行缓慢，长尾摇曳，如风筝飘带，异常优雅悦目，一般不作长距离飞行。

树鹨

树鹨（学名：*Anthus hodgsoni*）是一种小型鸣禽。上体橄榄绿色具褐色纵纹，尤其是头部比较明显。眉纹乳白色或棕黄色，耳后有一白斑；下体灰白色，胸带黑褐色纵纹。

分布范围 在中国主要分布于黑龙江、吉林、辽宁、内蒙古、河北、甘肃、四川、青海、西藏和云南等地。越冬于长江流域以南、东南沿海、云南、西藏南部以及海南等地。

种群现状 种群数量趋势稳定，因此被评为无生存危机的物种。

保护级别 已列入中国国家林业局2000年8月1日发布的《国家保护的有益的或者有重要经济、科学研究价值的陆生野生动物名录》。已列入《世界自然保护联盟（IUCN）濒危物种红色名录》ver 3.1（2012）——低危（LC）。

生活习性 在中国为夏候鸟或冬候鸟。迁徙期间也集成较大的群。多在地上奔跑觅食。

丝光椋鸟

丝光椋鸟（学名：*Sturnus sericeus*）嘴朱红色，脚橙黄色；雄鸟头、颈丝光白色或棕白色，背深灰色，胸灰色，往后均变淡，两翅和尾黑色；雌鸟头顶前部棕白色，后部暗灰色，上体灰褐色，下体浅灰褐色。

分布范围 在中国主要分布于重庆，四川南充、达县，贵州贵定、松桃，云南宁蒗，陕西南部，河南南部，安徽南部，江苏镇江，上海等地。

种群现状

种群数量趋势稳定，因此被评为无生存危机的物种。

保护级别

已列入中国国家林业局2000年8月1日发布的《国家保护的有益的或者有重要经济、科学研究价值的陆生野生动物名录》。已列入《世界自然保护联盟（IUCN）濒危物种红色名录》ver 3.1（2012）——低危（LC）。

生活习性

留鸟，部分在筑巢后期游荡。喜欢结群于地面觅食，在洞穴中筑巢。

松雀

松雀（学名：*Pinicola enucleator*）是雀科松雀属的一种鸟。雄鸟多呈玫瑰红色，下体多橙黄色；雌鸟上体多橙黄，下体灰黄。

分布范围 主要分布在北欧、阿拉斯加等地。繁殖在北美、欧洲及亚洲的针叶林，一般在北纬65度以北地区。冬季南迁。

种群现状 非常罕见。亚种偶见在黑龙江越冬。

保护级别 已列入中国国家林业局2000年8月1日发布的《国家保护的有益的或者有重要经济、科学研究价值的陆生野生动物名录》。

生活习性 北方寒冷地区鸟类，栖息在山地森林，尤其喜欢在针叶林和针阔混交林中。在中国则生活在黑龙江、吉林等地的高山针叶树林中。不怕人，主要以松子为食。

■ 太平鸟

太平鸟（学名：*Bombycilla garrulus*）是太平鸟科的一种小型鸣禽。全身基本上呈葡萄灰褐色；头部色深呈栗褐色，头顶有一细长呈簇状的羽冠，一条黑色贯眼纹从嘴基经眼到后枕，位于羽冠两侧；翅带白色翼斑；尾带黑色次端斑和黄色端斑；寿命一般为13年。

分布范围 在中国主要分布于黑龙江、吉林、辽宁、四川、河北、河南、山东、安徽、江苏、新疆和福建等地。

种群现状 种群数量趋势稳定，因此被评为无生存危机的物种。

保护级别 已列入中国国家林业局2000年8月1日发布的《国家保护的有益的或者有重要经济、科学研究价值的陆生野生动物名录》。已列入《世界自然保护联盟（IUCN）濒危物种红色名录》ver 3.1（2009）——低危（LC）。

生活习性 通常活动在树木顶端和树冠层，喜欢在枝头跳来跳去，有时也到林边灌木上或路上觅食。越冬栖息地以针叶林及高大阔叶树为主。

田鹀

田鹀（学名：*Emberiza rustica*）背部羽色似麻雀，但较为栗红；头部和面部接近黑色，带有白色宽眉纹；下体白且具有栗红色胸带。

分布范围 在中国主要分布于内蒙古、东北、宁夏、甘肃、河北、陕西、河南、山东、安徽、湖南、湖北、江苏、浙江、福建、新疆等地。

种群现状 分布范围广，种群数量趋势稳定。

保护级别 已列入中国国家林业局2000年8月1日发布的《国家保护的有益的或者有重要经济、科学研究价值的陆生野生动物名录》。已列入《世界自然保护联盟（IUCN）濒危物种红色名录》ver 3.1（2009）——低危（LC）。

生活习性 栖息在平原杂木林、人工林、灌木丛和沼泽草甸中，也栖息在长白山海拔800~1000米的低山区、山麓以及开阔的田野中。性颇大胆，不太怕人，冬季常常到农家篱笆、打谷场、城市里的林荫道及庭院的高树上活动。

铜蓝鹟

铜蓝鹟（学名：*Eumyias thalassinus*）是一种小型鸟，体长13~16厘米。雄鸟通体为鲜艳的铜蓝色，眼先黑色，尾下覆羽带白色端斑；雌鸟和雄鸟羽毛颜色大致相似，只是雌鸟的颏近灰色，下体灰蓝色。

分布范围 分布在中国、孟加拉国、不丹、文莱、柬埔寨、印度尼西亚等国家。

种群现状 种群数量未知。中国约有1000只越冬鸟。该鸟鸣声婉转，常被大量捕捉，致使种群数量遭致一定程度的破坏，应控制捕猎，加强保护。

保护级别 已列入《世界自然保护联盟（IUCN）濒危物种红色名录》ver 3.1（2012）——低危（LC）。

生活习性 常常单独或成对活动。性大胆，不太怕人，频繁地飞到空中捕食飞行性昆虫。

维达鸟

维达鸟（学名：*Viduidae*）是一种小型雀。最突出的特征是尾羽难得一见，长尾所占鸟体的比例是鸟中之最。

分布范围 分布在撒哈拉以南非洲国家，包括安哥拉、博茨瓦纳、布基纳法索、喀麦隆、乍得、莫桑比克等国家和地区。

保护级别 已列入《世界自然保护联盟（IUCN）濒危物种红色名录》ver 3.1（2009）——低危（LC）。

生活习性 栖息在树枝上时，常常竖起头上羽毛。耐寒，虽然大雪寒冬仍然十分活跃。

苇鹀

苇鹀（学名：*Emberiza pallasi*）是雀科鹀属的一种小型鹀鸟。雄鸟后颈有白领，前颊黑，腰和尾上覆羽均灰，肩羽黑而外翈白；雌鸟有眉纹，前颊白色。

分布范围 在中国主要分布在东北、内蒙古、新疆、黑龙江、宁夏、甘肃武威、江苏和福建等地。

种群现状 种群数量趋势稳定，因此被评为无生存危机的物种。。

保护级别 已列入中国国家林业局2000年8月1日发布的《国家保护的有益的或者有重要经济、科学研究价值的陆生野生动物名录》。已列入《世界自然保护联盟（IUCN）濒危物种红色名录》ver3.1（2009）——低危（LC）。

生活习性 春季常在平原沼泽地和沿溪的柳树丛以及芦苇中，秋冬季多在丘陵、有枯草的灌木丛和平原荒地的稀疏小树上。

文须雀

文须雀（学名：*Panurus biarmicus*）是一种小型鸟，体长15~18厘米。嘴黄色、直而尖，脚黑色；上体棕黄色，翅黑色带白色翅斑，外侧尾羽白色；雄鸟头灰色，眼周的黑斑在淡色的头部极为醒目。

分布范围 在中国的新疆、青海、甘肃、内蒙古及东北北部为夏候鸟，在东北南部及河北为冬候鸟。

种群现状 种群数量趋势稳定，因此被评为无生存危机的物种。

保护级别 已列入《世界自然保护联盟（IUCN）濒危物种红色名录》ver 3.1（2012）——低危（LC）。

生活习性 性活泼，行动敏捷，尤其喜欢在靠近水面的芦苇下部活动。

乌鸫

乌鸫（学名：*Turdus merula*）是鸫科鸫属的一种鸟。体形大小适中，通体黑色为主，嘴黄色，脚黑褐色；雄性的乌鸫除了黄色的眼圈和喙外，全身基本是黑色。

分布范围 在中国主要分布于新疆、青海、西藏樟木、贵州等地。

种群现状 种群数量趋势稳定，因此被评为无生存危机的物种。

保护级别 已列入《世界自然保护联盟（IUCN）濒危物种红色名录》ver 3.1（2016）——无危（LC）。

生活习性 胆小、眼尖，对外界反应灵敏，夜间受到惊吓时会飞离原栖地。主要以昆虫为食。

乌鸦

乌鸦（学名：*Corvus sp.*）是雀形目鸦科数种黑色鸟的俗称，也是雀形目鸟类中个体最大的。羽毛大多黑色或黑白两色，黑羽具紫蓝色金属光泽；翅远长于尾；长喙，嘴、腿及脚纯黑色。

分布范围 除南美洲、新西兰和南极洲外，几乎遍布于全世界。

种群现状 除夏威夷乌鸦处于濒危状态外，其余物种分布范围广，种群数量趋势相对稳定，因此被评为无生存危机的物种。

保护级别 已列入《世界自然保护联盟（IUCN）濒危物种红色名录》ver 3.1（2016）。

生活习性 乌鸦喜欢群居在树林中或田野间。主要在地上觅食，步态稳重。

锡嘴雀

锡嘴雀（学名：*Coccothraustes coccothraustes*）属于鸟纲雀科，又名蜡嘴雀、老西子、铁嘴蜡子。嘴粗大、铅蓝色；头近黄色，与灰褐色背部间有一灰色领环；黑色翅上的白斑很鲜明；下体浅灰红色。

分布范围 在中国分布于内蒙古东北部和东南部、黑龙江、吉林、辽宁、河北、山东、浙江、福建和广东等地。其中在东北大小兴安岭和长白山地区为繁殖鸟，并有部分终年留居为留鸟。

种群现状 在中国的种群数量局部地区较丰富。

保护级别 已列入中国国家林业局2000年8月1日发布的《国家保护的有益的或者有重要经济、科学研究价值的陆生野生动物名录》。已列入《世界自然保护联盟（IUCN）濒危物种红色名录》ver 3.1（2012）——低危（LC）。

生活习性 栖息在平原或低山的落叶林中，多数单独或成对活动，非繁殖期则喜欢成群。性大胆，不太怕人，特别是在冬季时常常到农户家偷食向日葵子或晾晒的松子。

喜鹊

喜鹊（学名：*Pica pica*）是鸟纲鸦科的一种鸟，体长40~50厘米，共有10个亚种。雌雄羽色相似；头、颈、背至尾均为黑色，并自前往后分别呈现紫色、蓝绿色、绿色等光泽；双翅黑色并且在翼肩有一大型白斑；尾较翅长。

分布范围 分布范围很广，除了南极洲、非洲、南美洲与大洋洲外，几乎遍布世界的各个大陆。

种群现状 种群数量趋势稳定，因此被评为无生存危机的物种。

保护级别 已列入中国国家林业局2000年8月1日发布的《国家保护的有益的或者有重要经济、科学研究价值的陆生野生动物名录》。已列入《世界自然保护联盟（IUCN）濒危物种红色名录》ver 3.1（2012）—— 低危（LC）。

生活习性 性机警，觅食时常有一只鸟负责守卫。成对觅食时，也多是轮流分工守候和觅食。

小仙鹟

小仙鹟（学名：*Niltava macgrigoriae*）是鹟科仙鹟属的一种鸟。体长约14厘米；雄鸟深蓝；雌鸟褐色。

分布范围 分布在中国南方及东南亚的部分地区、喜马拉雅山脉及印度东北部。

种群现状 常见于西藏东南部及南方海拔900~2400米的常绿林中。

保护级别 已列入《世界自然保护联盟（IUCN）濒危物种红色名录》ver 3.1（2016）——无危（LC）。

生活习性 喜欢藏匿于森林中的茂密灌木丛中。

旋木雀

旋木雀（学名：*Certhia familiaris*）是小型鸟。嘴长而下曲，上体棕褐色具白色纵纹，腰和尾上覆羽红棕色，外翈羽缘淡棕色，翅黑褐色，尾黑褐色；下体白色；有很硬且尖的楔形尾，似啄木鸟，可为树上爬动和觅食起支撑作用。

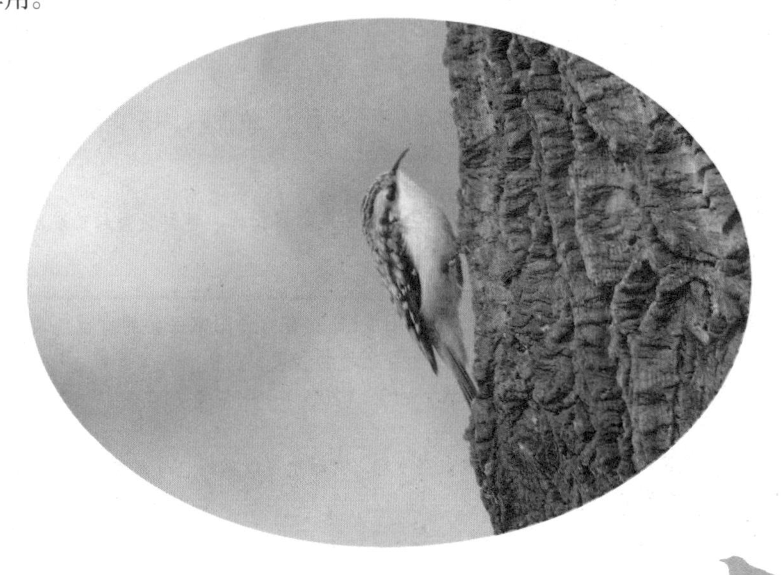

分布范围 分布在欧洲大部和亚洲部分地区，向南最远延伸至土耳其和伊朗，瑞典、英国、日本也有分布。

种群现状 欧洲的旋木雀种群在1980年已趋于稳定，但目前种群数因食物供应的增减而有小幅波动。

保护级别 已列入《世界自然保护联盟（IUCN）濒危物种红色名录》（2012）——无危（LC）。

生活习性 是全年常驻同一地区的留鸟。有垂直向树干上方爬行觅食的特殊习性，它们坚硬的尾羽可支撑起垂直爬升的身体重量。

崖沙燕

崖沙燕（学名：*Riparia riparia*）是燕科燕属的一种鸟，又名灰沙燕。体长11~14厘米；背羽褐色或灰褐色；胸带灰褐色横带，腹与尾下覆羽白色；尾羽不带白斑。

分布范围 分布在中国、阿富汗、阿尔巴尼亚、比利时、伯利兹、贝宁、百慕大、不丹、玻利维亚等国家和地区。

种群现状 分布范围广，没有接近物种生存的濒危临界指标。种群数量趋势稳定，因此被评为无生存危机的物种。

保护级别 已列入中国国家林业局2000年8月1日发布的《国家保护的有益的或者有重要经济、科学研究价值的陆生野生动物名录》。已列入《世界自然保护联盟（IUCN）濒危物种红色名录》ver3.1（2012）——低危（LC）。

生活习性 常常成群在水面或沼泽地上空飞翔，有时也可以见到它与家燕、金腰燕混群在空中飞翔。

燕雀

燕雀（学名：*Fringilla montifringilla*）是小型鸟。雄鸟具有很鲜明的黑与橙色，腰白色、较宽阔；雌鸟体色较浅淡，头侧和颈侧灰色，腰白色。

分布范围 在中国，目前除青藏高原和海南外，均有分布。

种群现状 种群数量趋势稳定，因此被评为无生存危机的物种。

保护级别 已列入中国国家林业局2000年8月1日发布的《国家保护的有益的或者有重要经济、科学研究价值的陆生野生动物名录》。已列入《世界自然保护联盟（IUCN）濒危物种红色名录》ver 3.1（2012）——低危（LC）。

生活习性 在中国主要为冬候鸟和旅鸟。主要以植物性食物为食，繁殖期间则主要以昆虫为食。除繁殖期间成对活动外，其他季节多成群。

银喉长尾山雀

银喉长尾山雀（学名：*Aegithalos caudatus*）是山雀科的一种小型鸟。体形纤小，冬季全身绒毛较厚；头顶黑色，中央贯以浅色纵纹，头和颈侧呈淡葡萄棕色；背灰；尾黑色；下体淡葡萄红色；喉部中央具银灰色斑。

分布范围 在中国主要分布于北京、河北、山东、山西、内蒙古、黑龙江、吉林、辽宁、江苏、甘肃、青海、新疆、四川和云南等地。

保护级别 已列入中国国家林业局2000年8月1日发布的《国家保护的有益的或者有重要经济、科学研究价值的陆生野生动物名录》。已列入《世界自然保护联盟（IUCN）濒危物种红色名录》ver 3.1（2013）—— 无危（LC）。

生活习性 主要啄食昆虫。

银耳相思鸟

银耳相思鸟（学名：*Leiothrix argentauris*）是一种小型鸟。头顶黑色，耳羽银灰色，前额橙黄色；外侧飞羽橙黄色，基部朱红色，非常鲜艳、醒目。

分布范围 在中国主要分布于贵州南部，云南西部、南部、东部，广西南部，西藏东南部。

种群现状 在中国种群数量较丰富，但由于该鸟羽色艳丽，深受人们喜爱，致使种群数量日趋减少，应控制猎取，加强保护。

保护级别 已列入中国国家林业局2000年8月1日发布的《国家保护的有益的或者有重要经济、科学研究价值的陆生野生动物名录》。已列入《世界自然保护联盟（IUCN）濒危物种红色名录》（2012）——无危（LC）。

生活习性 性情活泼而大胆，不怕人，常常在林下灌木层或林间空地上跳跃。在中国西南部为较常见的留鸟。

沼泽山雀

沼泽山雀（学名：*Parus palustris*）是山雀科山雀属的一种鸟，又名小仔伯、仔仔红、红子、小豆雀、泥泽山雀。体形比大山雀稍小；头顶黑色，头侧白色；上体灰褐色；腹面灰白色，中央没有黑色纵带。

分布范围 在中国分布于东北三省、华北、陕西、甘肃、西藏、安徽、湖北、云南、贵州和四川等地。

种群现状 种群数量趋势稳定，因此被评为无生存危机的物种。

保护级别 已列入中国国家林业局2000年8月1日发布的《国家保护的有益的或者有重要经济、科学研究价值的陆生野生动物名录》。

生活习性 典型的食虫鸟，一般单独或成对活动，有时加入混合群。

震旦鸦雀

震旦鸦雀（学名：*Paradoxornis heudei*）是莺科鸦雀属的一种鸟，中国特有的珍稀鸟种，被称为“鸟中熊猫”。头顶灰；眉纹黑而长；中央尾羽淡红赭色，外侧尾羽黑而具白端。

分布范围 分布仅限于中国的黑龙江下游、辽宁芦苇地、长江流域、江苏沿海的芦苇地。黑龙江大庆等地也发现了比较可观的震旦鸦雀种群，标志着这一物种的发展和壮大。

种群现状 20世纪80年代中国曾有记录，而后就消失在人们的视野中。辽宁省于1991年在盘锦市东郭苇场苇塘曾发现分散成小群的震旦鸦雀，为当时省鸟类新记录种。

保护级别 已列入中国国家林业局2000年8月1日发布的《国家保护的有益的或者有重要经济、科学研究价值的陆生野生动物名录》和国际鸟类红皮书。

生活习性 活泼好动，在树枝上稍作停留后，又轰然飞去，极少在地面活动。窝极隐蔽，敌害不易察觉，更难以接近。

黑喉石䳭

黑喉石䳭（学名：*Saxicola torquata*）是鹟科石䳭属的一种鸟。雄鸟头部、喉部及飞羽黑色，颈及翼上带粗大的白斑，腰白，胸棕色；雌鸟羽色较暗而没有黑色，喉部浅白色。

分布范围 繁殖期主要见于黑龙江、吉林、辽宁、河北、内蒙古、四川、陕西、贵州、云南、西藏西部及南部，冬季见于长江中下游、东南沿海等地。

种群现状 种群数量趋势相对稳定。

保护级别 已列入《世界自然保护联盟（IUCN）濒危物种红色名录》ver 3.1（2015）——无危（LC）。

生活习性 在中国主要为夏候鸟。通常在3月末4月初迁来繁殖地，9月末10月初开始飞往越冬地。主要以昆虫为食。

隼形目

Falconiformes

包括鸮形目以外的所有猛禽，是一种白天活动的猛禽。隼形目中的鸟多数单独活动，飞翔能力极强，也是视力最好的动物之一。隼形目与其他鸟不同，雌鸟往往比雄鸟体形更大。隼形目都是肉食性，体态雄健，因在各国的文化中多具有神话色彩，而受到人们的喜爱。

阿穆尔隼

阿穆尔隼（学名：*Falco amurensis*）又称为东方红脚隼，是隼科隼属的一种鸟。体长约31厘米；体灰色；腿、腹及臀部基本为棕色。

分布范围 分布在中国中北部、东北等地。迁徙时常见于印度及缅甸。越冬于非洲。

保护级别 已列入《世界自然保护联盟（IUCN）濒危物种红色名录》——无危（LC）。

生活习性 黄昏后捕捉昆虫，常常与黄爪隼混群，喜欢站在电话线上。

红隼

红隼（学名：*Falco tinnunculus*）是隼科的小型猛禽之一。喙较短，先端两侧有齿突；鼻孔圆形，自鼻孔向内可见一柱状骨棍；翅长而狭尖，扇翅节奏较快；尾较细长。

分布范围 在中国主要分布于北京、河北、山西、内蒙古、辽宁、吉林、浙江、安徽、福建和广东等地。

种群现状 种群数量趋势稳定，因此被评为无生存危机的物种。

保护级别 已列入中国《国家重点保护野生动物名录》二级保护动物。已列入《世界自然保护联盟（IUCN）濒危物种红色名录》ver 3.1（2012）——无危（LC）。

生活习性 在中国北部繁殖的种群为夏候鸟，南部繁殖的种群为留鸟。平时喜欢单独活动，傍晚时最为活跃。飞行迅速，善于在空中振翅悬停观察并伺机捕捉猎物。

拟游隼

拟游隼（学名：*Falco pelegrinoides*）是一种中等大小的隼。外形像游隼；体长35～42厘米；鼻孔圆形；上身灰蓝色；尾较细长。

分布范围 分布于中国、阿富汗、阿尔及利亚、埃及、西班牙、印度、伊拉克、巴勒斯坦、哈萨克斯坦等国家和地区。

种群现状 种群数量趋势稳定，因此被评为无生存危机的物种。

保护级别 已列入《世界自然保护联盟（IUCN）濒危物种红色名录》ver 3.1（2012）——低危（LC）。

生活习性 多数单独活动，飞行迅速，通常在快速鼓翼飞翔时伴随着一阵滑翔。主要捕食野鸭、鸥和鸡类等中小型鸟，偶尔也捕食野兔、鼠类等小型哺乳动物。

白腿小隼

白腿小隼（学名：*Microhierax melanoleucos*）是一种体形微小的黑白色隼。体长大约15厘米；上体黑色，最内侧次级飞羽具白色点斑；颊部、颏部、喉部和整个下体为白色；尾羽黑色，只有外侧的内缘具有白色横斑。

分布范围 主要分布于中国江苏、浙江、安徽、贵州、云南、江西、广西和广东等地，各地均为留鸟，但极为罕见。

种群现状 国内已经开始尝试人工繁殖并取得了成功，但难度还是比较大的。由于其食性与固定繁殖季节，所以人工饲养环境下数量无法提升。

保护级别 已列入中国《国家重点保护野生动物名录》二级保护动物。已列入《世界自然保护联盟（IUCN）濒危物种红色名录》ver 3.1（2012）——低危（LC）。

生活习性 常常栖息在高大树木上或成圈地在空中飞翔寻觅食物，如果是昆虫，发现后就即刻捕食，如果是小鸟、蛙等较大的食物，则带到栖息地后再吃。

Ciconiiformes 鹳形目

长颈、长腿，嘴形不一，多数体形较大。栖息在水边或近水地方。喜欢吃小鱼、虫类及其他小型动物。本目共有6科，分布在中国的有3科。

朱鹮

朱鹮（学名：*Nipponia nippon*）古称朱鹭、红朱鹭，中等体形。除头的裸露部及两脚为朱红色外，通体白色，颈项具有羽冠。

分布范围 在中国曾广泛分布于吉林、辽宁、黑龙江、陕西、河南西部、山东和山西东南部等地。

种群现状 从1978年起，中国科学院动物研究所的鸟类学家们组成考察队，调查了东北、华北和西北三大地区，跨越9个省区，终于在1981年5月，发现2个朱鹮的营巢地，共7只朱鹮，其中4只成鹮、3只幼鹮。

保护级别 已列入中国《国家重点保护野生动物名录》一级保护动物。已列入《华盛顿公约》CITES附录Ⅰ级保护动物。已列入《世界自然保护联盟（IUCN）濒危物种红色名录》ver 3.1（2012）——濒危（EN）。

生活习性 性较孤僻而沉静。常常单独、成对或小群活动，极少与别的鸟合群。白天活动觅食，晚上栖息在高大的树上。

白琵鹭

白琵鹭（学名：*Platalea leucorodia*）是大型涉禽。全身羽毛白色；嘴长直、扁阔似琵琶；眼先、眼周、颏、上喉裸皮黄色；胸及头部冠羽黄色，冬羽为纯白色；颈、腿均长，腿下部裸露呈黑色。

分布范围 在中国繁殖于新疆、黑龙江、吉林、辽宁、广东和福建等地。

种群现状 种群数量趋势稳定，因此被评为无生存危机的物种。

保护级别 1989年列入中国《国家重点保护野生动物名录》二级保护动物。1996年列入《中国濒危动物红皮书·鸟类》易危物种。已列入《华盛顿公约》CITES附录Ⅱ级保护动物。已列入《世界自然保护联盟（IUCN）濒危物种红色名录》ver 3.1（2012）——无危（LC）。

生活习性 在中国北方繁殖的种群均为夏候鸟。休息时常常在水边成“一”字形散开，长时间站立不动。性机警怕人，很难接近。

苍鹭

苍鹭（学名：*Ardea cinerea*）又称灰鹭，为鹭科鹭属的一种大型涉禽。头、颈、脚和嘴均非常长，因而身体显得细瘦；头和颈部白色，眼上黑纹延伸至枕部，形成羽冠；下体白色。

分布范围 几乎遍及中国各地。

种群现状 由于如今沼泽的开发利用、苍鹭的生存条件逐渐恶化，种群数量明显减少。

保护级别 已列入中国国家林业局2000年8月1日发布的《国家保护的有益的或者有重要经济、科学研究价值的陆生野生动物名录》。已列入《世界自然保护联盟（IUCN）濒危物种红色名录》ver 3.1（2012）——低危（LC）。

生活习性 成对和成小群活动，迁徙期间和冬季集成大群，有时也与白鹭混群。常用一脚站立，另一脚缩于腹下，站立可达数小时之久而不动。

草鹭

草鹭（学名：*Ardea purpurea*）是大、中型涉禽，体形呈纺锤形。额和头顶呈蓝黑色；枕部有两枚灰黑色长形羽毛形成的冠羽，悬垂在头后，形状像辫子；胸前有饰羽。

分布范围 在中国分布于北京、内蒙古、黑龙江、吉林、辽宁、河北、甘肃、宁夏、四川、福建和广东等地。

种群现状 种群数量趋势稳定，因此被评为无生存危机的物种。

保护级别 已列入中国国家林业局2000年8月1日发布的《国家保护的有益的或者有重要经济、科学研究价值的陆生野生动物名录》。已列入《世界自然保护联盟（IUCN）濒危物种红色名录》ver 3.1（2012）——低危（LC）。

生活习性 喜欢单独或成对活动和觅食，休息时则多数聚集在一起。行动迟缓，常常在水边浅水处低头觅食。

池鹭

池鹭（学名：*Ardeola bacchus*）是一种典型涉禽。嘴黄色、端部黑；眼先裸部黄绿色；翼白色。

分布范围 在中国分布于黑龙江、吉林中部、辽宁、内蒙古、河北、河南、天津、陕西南部、浙江、贵州、广西和广东等地。

种群现状 种群数量趋势稳定，因此被评为无生存危机的物种。

保护级别 已列入中国国家林业局2000年8月1日发布的《国家保护的有益的或者有重要经济、科学研究价值的陆生野生动物名录》。已列入《世界自然保护联盟（IUCN）濒危物种红色名录》ver 3.1（2013）——低危（LC）。

生活习性 部分种群为留鸟，部分迁徙，尤其是在中国长江以南繁殖的种群多数都为留鸟。在长江以北繁殖的种群全为夏候鸟。

大麻鳽

大麻鳽（学名：*Botaurus stellaris*）是一种大型鹭。身较粗胖；嘴黄褐色，粗而尖；头黑褐色；颈、脚较粗短；下体淡黄褐色，带黑褐色粗纵纹；脚黄绿色。

分布范围 分布于中国新疆天山、内蒙古、黑龙江、吉林、辽宁、河北等地。

种群现状 种群数量较为丰富。20世纪60年代初到70年代，在中国长白山山脚丘陵地带的河边沼泽是常见的，在其他地方种群数量明显下降。

保护级别 已列入中国国家林业局2000年8月1日发布的《国家保护的有益的或者有重要经济、科学研究价值的陆生野生动物名录》。已列入《世界自然保护联盟（IUCN）濒危物种红色名录》ver 3.1（2012）——低危（LC）。

生活习性 除繁殖期外常单独活动，迁徙季节偶尔集成5~8只的小群。喜欢在晚上活动，以鱼、虾、螺等为食。

黑脸琵鹭

黑脸琵鹭（学名：*Platalea minor*）俗称饭匙鸟、黑面勺嘴。其扁平如汤匙状的长嘴，与中国乐器中的琵琶非常相似，因而得名；也因为它的姿态优雅，又被称为“黑面天使”或“黑面舞者”；形状与白琵鹭相似，二者区别主要是嘴的颜色不同。

分布范围 繁殖于中国东北辽宁省。迁徙时见于中国东北，在辽东半岛东侧的小岛上有繁殖记录。春季在内蒙古东部曾有记录。

种群现状 留鸟，但种群数量已非常稀少。分布区域极为狭窄，因此是全球濒危的鸟类之一。

保护级别 1989年已列入中国《国家重点保护野生动物名录》二级保护动物。全球性易危物种（Collar et al., 1994）、全球濒危珍稀鸟类，它已成为仅次于朱鹮的第二种最濒危的水禽，国际自然资源物种保护联盟和国际鸟类保护协会（ICBP）都将其列入《世界濒危鸟类红皮书》中。

生活习性 在福建部分终年留居，不迁徙。性沉着机警，人不易于接近。主要以小鱼、虾、蟹、昆虫等为食。

黄苇鳽

黄苇鳽（学名：*Ixobrychus sinensis*）是鹭科苇鳽属的一种中型涉禽；雄鸟额、头顶、枕部和冠羽铅黑色，微杂以灰白色纵纹，头侧、后颈和颈侧棕黄白色；雌鸟似雄鸟，但头顶为栗褐色，具黑色纵纹。

分布范围 在中国主要分布在黑龙江、吉林、辽宁、江苏、安徽、浙江、江西等地。

种群现状 种群数量趋势稳定，因此被评为无生存危机的物种。

保护级别 已列入中国国家林业局2000年8月1日发布的《国家保护的有益的或者有重要经济、科学研究价值的陆生野生动物名录》。已列入《世界自然保护联盟（IUCN）濒危物种红色名录》ver 3.1（2013）——低危（LC）。

生活习性 栖息于平原，低山丘陵地的开阔水域中。主要以小鱼、虾、蛙等为食。

黄嘴白鹭

黄嘴白鹭（学名：*Egretta eulophotes*）是一种中型珍稀涉禽。体长46~65厘米，体重0.3~0.7千克；雌雄羽色相似，体羽白色；嘴、颈、脚均很长。

分布范围 主要分布在中国河北、山西、内蒙古、辽宁、吉林、海南等地。

种群现状 种群数量趋势稳定，因此被评为无生存危机的物种。

保护级别 1989年已列入中国《国家重点保护野生动物名录》二级保护动物。1996年在《中国濒危动物红皮书·鸟类》中被列为濒危物种。已列入《世界自然保护联盟（IUCN）濒危物种红色名录》ver 3.1（2013）——濒危（VU）。

生活习性 有结群营巢、修建旧巢和与池鹭、夜鹭、牛背鹭混群共域繁殖的习性。主要以各种小型鱼类为食，也吃虾、蟹、蝌蚪和水生昆虫等动物性食物。

绿鹭

绿鹭（学名：*Butorides striatus*）是鹭科绿鹭属的一种鸟，共有26个亚种。头顶黑，枕冠也是黑色；上体蝉灰绿色；下体两侧银灰色。

分布范围 分布于中国、安哥拉、澳大利亚、孟加拉国、埃及等国家和地区。

种群现状 种群数量趋势稳定，因此被评为无生存危机的物种。

保护级别 已列入中国国家林业局2000年8月1日发布的《国家保护的有益的或者有重要经济、科学研究价值的陆生野生动物名录》。已列入《世界自然保护联盟（IUCN）濒危物种红色名录》ver 3.1（2012）——低危（LC）。

生活习性 部分迁徙，部分为留鸟。在中国长江以南繁殖的种群多为留鸟，长江以北繁殖的种群多要迁徙。

牛背鹭

牛背鹭（学名：*Bubulcus ibis*）体较肥胖，喙和颈较短粗；夏羽大都为白色，头和颈橙黄色；饰羽长达胸部，背部饰羽向后长达尾部，尾和其余体羽白色；冬羽通体全白色，个别头顶缀有黄色，无发丝状饰羽。

分布范围 分布于澳大利亚、意大利、巴西、印度、日本等国家和地区。

种群现状 种群数量趋势稳定，因此被评为无生存危机的物种。

保护级别 已列入《世界自然保护联盟（IUCN）濒危物种红色名录》ver 3.1（2012）——低危（LC）。

生活习性 常常成对或3~5只的小群活动。喜欢跟随在耕田的牛后面啄食翻耕出来的昆虫或站在牛背上吃寄生虫。

夜鹭

夜鹭（学名：*Nycticorax nycticorax*）是中型涉禽。体较粗胖，嘴尖细，微向下曲；颈较短；枕部有2~3枚长带状白色饰羽，下垂到背上，极为醒目；头顶至背黑绿色而具金属光泽，上体余部灰色；下体白色。

分布范围 在中国主要分布于黑龙江、吉林、辽宁、海南等地。

种群现状 种群数量趋势稳定，因此被评为无生存危机的物种。

保护级别 已列入中国《国家重点保护野生动物名录》二级保护动物。已列入中国国家林业局2000年8月1日发布的《国家保护的有益的或者有重要经济、科学研究价值的陆生野生动物名录》。已列入《世界自然保护联盟（IUCN）濒危物种红色名录》ver 3.1（2012）——低危（LC）。

生活习性 常常成小群在黄昏和夜间活动，白天结群隐藏在密林中僻静处。

中白鹭

中白鹭（学名：*Ardea intermedia*）是中型涉禽。全身白色，眼先黄色，脚和趾黑色；夏羽背和前颈下部有长的披针形饰羽，嘴黑色；冬羽背和前颈无饰羽，嘴黄色，先端黑色。

分布范围 在中国主要分布于甘肃、山东、河南、海南等地。

种群现状 种群数量趋势稳定，因此被评为无生存危机的物种。

保护级别 已列入中国国家林业局2000年8月1日发布的《国家保护的有益的或者有重要经济、科学研究价值的陆生野生动物名录》。已列入《世界自然保护联盟（IUCN）濒危物种红色名录》ver 3.1（2012）——低危（LC）。

生活习性 3月末至4月初开始迁来中国南部繁殖。警惕性强，见人很远即飞，人难以靠近。飞行时颈缩成S形，两脚直伸向后，两翅鼓动缓慢。白昼或黄昏活动。

东方白鹳

东方白鹳（学名：*Ciconia boyciana*）是一种大型涉禽。性宁静而机警，体羽基本为白色。

分布范围 分布在中国黑龙江省齐齐哈尔，吉林省向海、莫莫格，越冬于江西鄱阳湖，湖南洞庭湖，迁徙时经过辽宁、北京和山东等地。

种群现状 种群数量在逐渐减少，仅能在冬季偶尔发现少量越冬个体。2009年全世界仅有东方白鹳野生种群3000只左右。

保护级别 已列入中国国家林业局2000年8月1日发布的《国家保护的有益的或者有重要经济、科学研究价值的陆生野生动物名录》，是国家一级保护动物。

生活习性 除了在繁殖期成对活动外，其他季节大多群体活动，特别是在迁徙季节，常常聚集成数十只、甚至上百只的大群。

火烈鸟

火烈鸟（学名：*Phoenicopteridae*）也叫红鹳。体形大小和鹳相似；体羽白而带玫瑰色，飞羽黑色，覆羽深红色，诸色相衬，非常艳丽；嘴短而厚，上嘴中部突向下曲，下嘴较大呈槽状；颈长而曲；脚极长而裸出。

分布范围

分布在热带和亚热带地区，包括南北美洲、加勒比海和加拉帕戈斯群岛、非洲、欧洲南部、中东地区和印度次大陆。

种群现状

世界珍稀鸟类。

保护级别

已列入《世界自然保护联盟（IUCN）濒危物种红色名录》ver 3.1（2013）。易危（VU）——1种，近危（NT）——3种，低危（LC）——2种。

生活习性

喜欢结群生活，往往成千上万只一起生活。非洲的小火烈鸟群是当今世界上最大的鸟群。

Pelecaniformes

鹈形目

鹈形目在动物分类学上是鸟纲中的一个目，是一种主要分布在温热带水域的大型游禽，也是热带海鸟的重要组成部分。

白鹈鹕

白鹈鹕（学名：*Pelecanus onocrotalus*）俗名犁鹕、逃河、淘鹅、塘鹅、淘河等。体大，几呈白色；嘴下有一皮肤囊；尾短。

分布范围 在中国分布在新疆天山西部、准噶尔盆地西部和南部水域、塔里木河流域、青海湖。繁殖在欧洲东南部地区，越冬在亚洲西南部至非洲。

保护级别 1989年列入中国《国家重点保护野生动物名录》二级类保护动物。已列入《世界自然保护联盟（IUCN）濒危物种红色名录》ver 3.1（2012）——低危（LC）。

生活习性 常常成群生活。善于飞行，也善于游泳，在地面上也能很好地行走。主要以鱼类为食。

普通鸬鹚

普通鸬鹚（学名：*Phalacrocorax carbo*）是大型水鸟。通体黑色，头颈具紫绿色光泽，嘴角和喉囊黄绿色，眼后下方白色，两肩和翅具青铜色光彩。

分布范围 分布在欧洲、亚洲、非洲、澳洲和北美等地。繁殖地在北半球北部，越冬在繁殖地南部。

种群现状 种群数量趋势稳定，因此被评为无生存危机的物种。

保护级别 列入中国国家林业局2000年8月1日发布的《国家保护的有益的或者有重要经济、科学研究价值的陆生野生动物名录》。已列入《世界自然保护联盟（IUCN）濒危物种红色名录》ver 3.1（2012）——低危（LC）。

生活习性 常成群活动。善游泳和潜水，游泳时颈向上伸得很直、头微向上倾斜。飞行较低，掠水面而过。

鸮形目 Strigiformes

夜行猛禽。喙坚而钩曲，嘴基蜡膜被硬须掩盖；耳孔周缘具耳羽，有助于夜间分辨声响与夜间定位；翅的外形不一；尾短圆，尾羽大约12枚，尾脂腺裸出；脚强健有力，利于攀缘。喜欢营巢于树洞或岩隙中。

北鹰鸮

北鹰鸮（学名：*Ninox japonica*）是鸱鸮科鹰鸮属的一种鸮，原为鹰鸮的亚种。有时也称作北方鹰鸮。

分布范围 主要分布于中国、印度次大陆、东北亚、东南亚、苏拉威西岛、婆罗洲、苏门答腊及爪哇西部等国家和地区。

种群现状 目前没有灭绝危机。

保护级别 已列入中国《国家重点保护野生动物名录》二级保护动物。

生活习性 栖息于山地阔叶林中，也见于灌木丛地带。常常白昼出游，但午夜后才开始鸣叫。在中国北方为夏候鸟，在南方为留鸟。

雕鸮

雕鸮（学名：*Bubo bubo*）是夜行猛禽。喙坚强而钩曲，嘴基蜡膜为硬须掩盖；翅的外形不一，第五枚次级飞羽缺；脚强健有力，常全部被羽；第四趾能向后反转，以利于攀缘；爪大而锐。

分布范围 分布于中国、阿富汗、阿尔巴尼亚、奥地利等国家和地区。

种群现状 种群数量趋势稳定，因此被评为无生存危机的物种。

保护级别 1989年已列入中国《国家重点保护野生动物名录》二级保护动物。1996年在《中国濒危动物红皮书·鸟类》中被列为稀有物种。已列入《华盛顿公约》CITES附录Ⅱ级保护动物。已列入《世界自然保护联盟（IUCN）濒危物种红色名录》ver 3.1（2012）——低危（LC）。

生活习性 通常远离人群，活动在人迹罕至的偏僻之地。但它的听觉非常敏锐，稍有声响，立即伸颈睁眼，如发现人立即飞走。

猛鸮

猛鸮（学名：*Surnia ulula*）是鸱鸮科猛鸮属的一种中型鸟。长有鹰样的尾；脸部图案深褐色与白色纵横。

分布范围 在中国分布于黑龙江北部、吉林漫江、内蒙古呼伦贝尔盟、新疆的西部和天山等地。

保护级别 已列入中国《国家重点保护野生动物名录》二级保护动物。世界濒危物种之一，为联合国《濒危野生动物名录》中的一种。

生活习性 在白天活动和觅食，尤其在清晨和黄昏时的活动十分频繁。鸣声“呼，呼”，虽然比较单调，却十分悦耳动听。

雪鸮

雪鸮（学名：*Bubo scandiaca*）是鸱鸮科的一种大型猫头鹰。头圆而小，面盘不显著，没有耳羽簇；嘴的基部长满了刚毛一样的须状羽，几乎把嘴全部遮住；羽色非常美丽，通体为雪白色，也有的布满暗色的横斑。

分布范围 分布于中国、芬兰、格陵兰、冰岛、日本、哈萨克斯坦、拉脱维亚、挪威、瑞典、英国、美国等国家和地区。

种群现状 种群数量趋势稳定，全球的数目达到29万只，活动范围为100~1000万平方千米，因此被评为无生存危机的物种。

保护级别 1989年被列入中国《国家重点保护野生动物名录》二级保护动物。已列入《华盛顿公约》CITES附录Ⅰ级保护动物。已列入《世界自然保护联盟（IUCN）濒危物种红色名录》ver 3.1（2012）——低危（LC）。

生活习性 冬候鸟，直到春天它们才会离开居留地向北迁徙。

长耳鸮

长耳鸮（学名：*Asio otus*）颏白色，眼橙红色；耳羽簇长，位于头顶两侧，竖直如耳；面盘显著，棕黄色，皱翎完整，白色而缀有黑褐色。

分布范围 在中国除了在青海西宁，新疆喀什、天山等少数地区为留鸟外，在其他大部分地区均为候鸟。

种群现状 种群数量趋势稳定，因此被评为无生存危机的物种。

保护级别 1989年被列入中国《国家重点保护野生动物名录》二级保护动物。已列入《华盛顿公约》CITES附录Ⅱ级保护动物。已列入《世界自然保护联盟（IUCN）濒危物种红色名录》ver 3.1（2012）——低危（LC）。

生活习性 喜欢夜行，白天多躲藏在树林中，常常垂直地栖息在树干近旁侧枝上或林中空地的草丛中，黄昏和晚上才开始活动。

长尾林鸮

长尾林鸮（学名：*Strix uralensis*）是一种中等大小，并在夜间活动的猫头鹰。喙坚而钩曲；脚强健有力，常常全部被羽，第四趾能向后反转，以利于攀缘；爪大而锐。

分布范围 在中国分布于黑龙江、内蒙古东北部、北京、辽宁、吉林、河南、四川、青海和新疆等地。

种群现状 种群数量趋势稳定，因此被评为无生存危机的物种。

保护级别 1989年已列入中国《国家重点保护野生动物名录》二级保护动物。1996年在《中国濒危动物红皮书·鸟类》中被列为稀有物种。已列入《华盛顿公约》CITES附录Ⅱ级保护动物。已列入《世界自然保护联盟（IUCN）濒危物种红色名录》ver 3.1（2012）——低危（LC）。

生活习性 除繁殖期成对活动外，通常单独活动。白天大多栖息在密林深处，直立地站在靠近树干的水平粗枝上。

纵纹腹小鸮

纵纹腹小鸮（学名：*Athene noctua*）是鸱鸮科小鸮属的一种鸟。上体为沙褐色或灰褐色，并散布有白色的斑点；下体为棕白色而有褐色纵纹。

分布范围 在中国主要分布于新疆、四川、内蒙古、辽宁、吉林、黑龙江、陕西、宁夏等地。

保护级别 已列入中国《国家重点保护野生动物名录》二级保护动物。《华盛顿公约》CITES 附录Ⅱ级保护动物。

生活习性 一种留鸟。常常站在篱笆及电线上，会神经质地点头或转动，有时以长腿高高站起，或快速振翅作波状飞行。

Anseriformes

雁形目

雁形目的鸟通常被称为“鸭”或“雁”，包括了人们通常所说的鸭、潜鸭、天鹅、鹅以及各种雁类或鸭雁类的鸟。雁形目的鸟基本都是游禽，在世界范围内分布广泛。

白眉鸭

白眉鸭（学名：*Anas querquedula*）是一种小型鸭。雄鸭鸭头和颈淡栗色且具宽阔白眉，两肩与翅灰蓝色，胸棕黄色且杂以暗褐色波状斑，腹白色；雌鸭白眉不明显，上体大都黑褐色，下体白而带棕色。

分布范围 在中国繁殖于东北、西北等地。

种群现状 种群数量目前已经相当稀少。

保护级别 已列入中国国家林业局2000年8月1日发布的《国家保护的有益的或者有重要经济、科学研究价值的陆生野生动物名录》。已列入《世界自然保护联盟（IUCN）濒危物种红色名录》ver 3.1（2012）——低危（LC）。

生活习性 迁徙时常常密集成群。性胆怯而机警，常常在有水草隐蔽处活动和觅食，如有声响，立刻从水中冲出，直升而起。

斑头秋沙鸭

斑头秋沙鸭（学名：*Mergellus albellus*）是鸭科秋沙鸭属的一种水鸭。雄鸟体羽以黑白色为主，眼周、枕部、背黑色，两翅灰黑色，腰和尾灰色；雌鸟上体黑褐色，头顶栗色，下体白色。

分布范围 分布于中国、阿富汗、奥地利、比利时、加拿大、法国、德国、意大利、西班牙、日本等国家和地区。

种群现状 尽管湿地环境的日益破坏已威胁到这一物种的生存，但它还没有灭绝的危险。

保护级别 已列入《世界自然保护联盟（IUCN）濒危物种红色名录》ver 3.1（2012）——低危（LC）。

生活习性 3月中旬至4月初从南方越冬地往北迁徙。10月至11月陆续到达中国东北南部、华北及其以南的越冬地。

斑头雁

斑头雁（学名：*Anser indicus*）是一种中型雁，体重2~3 千克。通体大都灰褐色，头和颈侧白色，头顶有两道黑色带斑，在白色头上极为醒目。

分布范围 在中国主要分布于青海、西藏的沼泽和湖泊等地，冬季迁至中国中部及南部。

种群现状 种群数量较大，特别是青海湖鸟岛，斑头雁较为集中。

保护级别 已列入中国国家林业局2000年8月1日发布的《国家保护的有益的或者有重要经济、科学研究价值的陆生野生动物名录》。已列入《世界自然保护联盟（IUCN）濒危物种红色名录》ver 3.1（2012）——低危（LC）。

生活习性 迁徙时多集成群，通常20~30只排成“人”字形或“V”字形迁飞。

斑嘴鸭

斑嘴鸭（学名：*Anas poecilorhyncha*）是一种大型鸭。体形大小和绿头鸭相似；雌雄羽色相似。

分布范围 在中国繁殖于东北、内蒙古、华北、西北甘肃、宁夏、青海等地。

种群现状 种群数量趋势稳定，因此被评为无生存危机的物种。

保护级别 已列入《世界自然保护联盟（IUCN）濒危物种红色名录》ver 3.1（2012）——低危（LC）。

生活习性 每年3月初至3月中旬开始从中国南方越冬地北迁。10月中下旬大批到达东北地区，部分留在东北和华北地区越冬，部分继续南迁。

赤麻鸭

赤麻鸭（学名：*Tadorna ferruginea*）体形较大，比家鸭稍大。全身赤黄褐色，翅上有明显的白色翅斑和铜绿色翼镜，嘴、脚、尾黑色；雄鸟有一黑色颈环。

分布范围 分布于中国、阿富汗、阿尔巴尼亚、格鲁吉亚、希腊、印度等国家和地区。

种群现状 种群数量趋势稳定，因此被评为无生存危机的物种。

保护级别 已列入中国国家林业局2000年8月1日发布的《国家保护的有益的或者有重要经济、科学研究价值的陆生野生动物名录》。已列入《世界自然保护联盟（IUCN）濒危物种红色名录》ver 3.1（2012）——低危（LC）。

生活习性 迁徙性鸟类。每年10月末至11月初成群从繁殖地迁往越冬地。

赤膀鸭

赤膀鸭（学名：*Anas strepera*）属中型鸭。个体较家鸭稍小；雄鸟嘴黑色，上体暗褐色，背上部具白色波状细纹，腹白色，脚橙黄色；雌鸟嘴橙黄色，嘴峰黑色，翼镜白色。

分布范围 主要繁殖在中国新疆天山和东北北部，越冬在西藏南部、云南、贵州、四川、及长江中下游和东南沿海等地。

种群现状 原有2个亚种，指名亚种分布极广，而且数量较丰富。

保护级别 已列入中国国家林业局2000年8月1日发布的《国家保护的有益的或者有重要经济、科学研究价值的陆生野生动物名录》。已列入《世界自然保护联盟（IUCN）濒危物种红色名录》ver 3.1（2012）——低危（LC）。

生活习性 常常成小群活动，也喜欢与其他野鸭混群。性胆小而机警。

赤嘴潜鸭

赤嘴潜鸭（学名：*Netta rufina*）俗称大红头，是大型鸭，个体比绿头鸭小。雄鸟头浓栗色且具淡棕黄色羽冠，嘴赤红色，两胁白色，下体黑色；雌鸟通体褐色，头的两侧、颈侧、颏和喉灰白色。

分布范围 在中国繁殖在内蒙古乌梁素海、新疆塔里木河流域、青海柴达木盆地等地，越冬在西藏南部、贵州等地。

种群现状 在中国的种群数量曾经相当丰富，但现在种群数量已明显减少。据1992年世界水禽研究局组织的亚洲隆冬水鸟调查，中国仅见到3000只左右。

保护级别 已列入中国国家林业局2000年8月1日发布的《国家保护的有益的或者有重要经济、科学研究价值的陆生野生动物名录》。已列入《世界自然保护联盟（IUCN）濒危物种红色名录》ver 3.1（2012）——低危（LC）。

生活习性 迁徙时常常集成群。性迟钝而不是非常怕人，不善于鸣叫。

丑鸭

丑鸭（学名：*Histrionicus histrionicus*）羽毛非常丰富多彩，酷似意大利哑剧中多姿多彩的角色——丑角，因此而得名。体长33~54厘米；体重0.5~0.8千克。

分布范围 在中国主要分布于东北中部、辽东半岛和山东等地。

种群现状 在中国种群数量极为稀少。

保护级别 已列入中国国家林业局2000年8月1日发布的《国家保护的有益的或者有重要经济、科学研究价值的陆生野生动物名录》。已列入《世界自然保护联盟（IUCN）濒危物种红色名录》ver 3.1（2012）——低危（LC）。

生活习性 5月至6月初迁到中国北部繁殖地，9月中下旬至10月中下旬迁入越冬地，常常集成小群或家族群迁徙。

大天鹅

大天鹅（学名：*Cygnus cygnus*）是一种候鸟。体形高大；嘴黑，嘴基有大片黄色，黄色延到上喙侧缘成尖；颈修长，在水面上经常直伸；寿命一般为20~25年。

分布范围 在中国主要分布于北京、河北、河南、山西、内蒙古、辽宁、吉林、黑龙江、山东、上海、新疆等地。保护区有烟墩角天鹅湖、东洞庭湖、莫莫格、鄱阳湖等地。

种群现状 种群数量趋势稳定，因此被评为无生存危机的物种。

保护级别 1989年已列入中国《国家重点保护野生动物名录》二级保护动物。1996年在《中国濒危动物红皮书·鸟类》中被列渐危物种。已列入《世界自然保护联盟（IUCN）濒危物种红色名录》ver 3.1（2012）—— 低危（LC）。

生活习性 候鸟。每年的9月中下旬开始离开繁殖地往越冬地迁徙，10月下旬至11月初到达越冬地。迁徙时常常集成6~20只的小群或家族群迁飞。

凤头潜鸭

凤头潜鸭（学名：*Aythya fuligula*）是一种中等体形矮扁结实的水鸭。体长40~47厘米，头带特长羽冠；雄鸟亮黑色，腹部及体侧白；雌鸟深褐色，两胁褐色而且羽冠短，有浅色脸颊斑。

分布范围 在中国繁殖于东北黑龙江省、吉林省和内蒙古等地。越冬在云南、贵州、四川、长江流域、东南沿海等地。

种群现状 种群数量趋势稳定，因此被评为无生存危机的物种。

保护级别 已列入中国国家林业局2000年8月1日发布的《国家保护的有益的或者有重要经济、科学研究价值的陆生野生动物名录》。已列入《世界自然保护联盟（IUCN）濒危物种红色名录》ver 3.1（2013）——低危（LC）。

生活习性 一种迁徙性鸟。每年3月末4月初从南方越冬地迁徙到华北和东北南部地区，4月中旬到达东北东部长白山和东北北部黑龙江省。迁徙时常常集成大群。

黑天鹅

黑天鹅（学名：*Cygnus atratus*）是鸭科天鹅属的一种大型游禽。全身羽毛卷曲，体羽斑点闪烁，主要呈黑灰色或黑褐色；具有天鹅种类中最长的脖子，这个细长的脖子通常呈“S”形拱起或直立。

分布范围 分布于中国，澳洲西南部、南部、东部地区，西班牙，日本等国家和地区。

种群现状 种群数量趋势稳定，没有证据表明存在任何下降或严重威胁的情况。

保护级别 已列入《世界自然保护联盟（IUCN）濒危物种红色名录》ver 3.1（2016）——无危（LC）。

生活习性 成对或结群活动，食物几乎完全是植物，各种水生植物和藻类。具有较强游牧性，迁移时会组成成千上万的大团体。

花脸鸭

花脸鸭（学名：*Anas formosa*）是一种小型鸭。个体较绿翅鸭稍大，而较针尾鸭稍小；雄鸭繁殖羽极为艳丽，特别是脸部由黄、绿、黑、白等多种色彩组成的花斑状极为醒目，可以明显区别于其他野鸭。

分布范围 分布于中国、日本、韩国等国家和地区。

种群现状 在中国越冬种群数量减少，全球花脸鸭的种群数量约为5万只。

保护级别 已列入中国国家林业局2000年8月1日发布的《国家保护的有益的或者有重要经济、科学研究价值的陆生野生动物名录》。已列入《世界自然保护联盟（IUCN）濒危物种红色名录》ver 3.1（2012）——低危（LC）。

生活习性 每年3月初至3月中旬从中国南方越冬地开始往北方迁徙，4月末几乎全部离开中国。

罗纹鸭

罗纹鸭（学名：*Anas falcata*）是中型鸭，体形较家鸭略小。雄鸭繁殖期头顶暗栗色，头侧、颈侧和颈冠铜绿色，下体布满黑白相间波浪状细纹，尾下两侧各有一块三角形乳黄色斑；雌鸭略较雄鸭小，上体黑褐色，下体棕白色，满布黑斑。

分布范围 在中国主要分布在内蒙古、黑龙江、吉林等地。在黄河下游、长江以南越冬。

种群现状 种群数量相当稀少，应加强保护。

保护级别 已列入中国国家林业局2000年8月1日发布的《国家保护的有益的或者有重要经济、科学研究价值的陆生野生动物名录》。已列入《世界自然保护联盟（IUCN）濒危物种红色名录》ver 3.1（2012）——近危（NT）。

生活习性 通常3月初至3月中旬开始从越冬地往北迁徙，3月末4月初到达中国河北的东北部，大量在4月中下旬，其中少部分留在当地繁殖。

绿翅鸭

绿翅鸭（学名：*Anas crecca*）是小型鸭。嘴、脚均为黑色；雌雄两性均具有金属翠绿色的翼镜，在雄性特别明显；雄鸟头到颈部深栗色，头顶两侧从眼开始有一条宽阔的绿色带斑一直延伸至颈侧，尾下覆羽黑色，两侧各有一黄色三角形斑。

分布范围 分布于中国、阿富汗、阿尔巴尼亚、安圭拉、安提瓜、巴布达、亚美尼亚、阿鲁巴、奥地利、阿塞拜疆等国家和地区。

种群现状 种群数量趋势稳定，因此被评为无生存危机的物种。

保护级别 已列入中国国家林业局2000年8月1日发布的《国家保护的有益的或者有重要经济、科学研究价值的陆生野生动物名录》。已列入《世界自然保护联盟（IUCN）濒危物种红色名录》ver 3.1（2012）——低危（LC）。

生活习性 每年3月初开始从中国南方越冬地北迁，3月中下旬到4月中旬大量出现在中国东北和华北地区。少数个体留在东北和华北地区越冬。

绿头鸭

绿头鸭（学名：*Anas platyrhynchos*）是一种大型野鸭。雄鸭头和颈基本为绿色，颈部有一明显的白色领环，腰和尾上覆羽黑色，两对中央尾羽也为黑色，并且向上卷曲成钩状，外侧尾羽白色；雌鸭背部黑褐色，羽毛带浅棕色宽边。

分布范围 分布于中国、阿富汗、阿尔巴尼亚、阿尔及利亚、亚美尼亚、奥地利等国家。

种群现状 种群数量趋势稳定，因此被评为无生存危机的物种。

保护级别 已列入中国国家林业局2000年8月1日发布的《国家保护的有益的或者有重要经济、科学研究价值的陆生野生动物名录》。已列入《世界自然保护联盟（IUCN）濒危物种红色名录》ver 3.1（2012）——低危（LC）。

生活习性 分布在中国的指名亚种均属迁徙性鸟类。

琵嘴鸭

琵嘴鸭（学名：*Anas clypeata*）是一种中型鸭，个体比绿头鸭稍小。雄鸭头至上颈暗绿色而具光泽，嘴黑色、大而扁平，铲状，腹和两胁栗色，翼镜金属绿色，脚橙红色；雌鸭较雄鸭略小，外貌特征亦不及雄鸭明显，也有大而呈铲状的嘴。

分布范围 在中国主要繁殖在新疆的西部、东北部，黑龙江，吉林等地。越冬在西藏南部、长江中下游和东南沿海各省，迁徙时经过辽宁、内蒙古、华北等地。

种群现状 是中国传统狩猎鸟类之一，由于狩猎和环境条件恶化，数量已很少。但在全球范围内种群数量趋势稳定，因此被评为无生存危机的物种。

保护级别 已列入中国国家林业局2000年8月1日发布的《国家保护的有益的或者有重要经济、科学研究价值的陆生野生动物名录》。已列入《世界自然保护联盟（IUCN）濒危物种红色名录》ver 3.1（2012）—— 低危（LC）。

生活习性 迁徙性鸟类。每年4月中旬至4月末到达东北北部和长白山地区，9月末至10月末又经华北返回长江以南越冬地。

普通秋沙鸭

普通秋沙鸭（学名：*Mergus merganser*）是秋沙鸭中个体最大的一种。雄鸟头和上颈黑褐色而具绿色金属光泽，枕部有短的黑褐色冠羽，下颈、胸以及整个下体和体侧白色，背黑色，腰和尾灰色；雌鸟头和上颈棕褐色，冠羽短、呈棕褐色，喉白色，上体灰色，下体白色。

分布范围 在中国主要繁殖在东北地区的西北部、北部、中部，新疆西部，青海东北部、南部，西藏南部等地。

种群现状 中国秋沙鸭中数量最多、分布最广的一种，冬季和迁徙期间在中国东部和长江流域是常见的。

保护级别 已列入中国国家林业局2000年8月1日发布的《国家保护的有益的或者有重要经济、科学研究价值的陆生野生动物名录》。已列入《世界自然保护联盟（IUCN）濒危物种红色名录》ver 3.1（2012）——低危（LC）。

生活习性 呈小群迁飞，迁徙期间和冬季，也常集成数十甚至上百只的大群，偶尔也见单只活动。

翘鼻麻鸭

翘鼻麻鸭（学名：*Tadorna tadorna*）是一种大型鸭，体形比赤麻鸭略小。头和上颈黑色，带绿色光泽；嘴向上翘，红色；自背至胸有一条宽的栗色环带，其余体羽白色；繁殖期雄鸟上嘴基部有一红色瘤状物。

分布范围 在中国主要分布于黑龙江、吉林、内蒙古、甘肃、青海和新疆等地。

种群现状 在中国种群数量趋势相对稳定。

保护级别 已列入中国国家林业局2000年8月1日发布的《国家保护的有益的或者有重要经济、科学研究价值的陆生野生动物名录》。已列入《世界自然保护联盟（IUCN）濒危物种红色名录》ver 3.1（2012）——低危（LC）。

生活习性 栖息于江河、湖泊、河口、水塘及附近的草原、荒地等。喜欢集群生活。以小鱼、甲壳类、水生昆虫等为食。

鹊鸭

鹊鸭（学名：*Bucephala clangula*）是一种中型鸭。雄鸟头黑色，眼金黄色，两颊近嘴基处有大型白色圆斑，嘴黑色，颈、胸、腹、两胁和体侧白色，上体黑色，脚橙黄色；雌鸟略小，头和颈褐色，颈基有白色颈环，嘴黑色、先端橙色，眼淡黄色，上体淡黑褐色，下体白色。

分布范围 在中国主要繁殖于东北大兴安岭地区。

种群现状 种群数量趋势稳定。冬季和迁徙期间在吉林省松花江和鸭绿江、辽宁省辽东半岛沿海和鸭绿江下游均较常见。

保护级别 已列入中国国家林业局2000年8月1日发布的《国家保护的有益的或者有重要经济、科学研究价值的陆生野生动物名录》。已列入《世界自然保护联盟（IUCN）濒危物种红色名录》ver 3.1（2012）——低危（LC）。

生活习性 性机警而胆怯，人不能靠近，常常很远看见人就飞走或游开。

疣鼻天鹅

疣鼻天鹅（学名：*Cygnus olor*）是一种大型的游禽。脖颈细长，前额有一块瘤疣的突起，因此得名；全身羽毛洁白；嘴基有明显的球块，且雄性的较大，雌性的不很发达。

分布范围 在中国主要繁殖在新疆中部、北部，青海柴达木盆地，甘肃西北部和内蒙古等地。

种群现状 种群数量趋势稳定，因此被评为无生存危机的物种。

保护级别 已列入《世界自然保护联盟（IUCN）濒危物种红色名录》ver 3.1（2012）——低危（LC）。

生活习性 主要在水中生活，性机警，视力强，颈伸直能远眺数里。游泳时隆起两翅，颈向后曲，头朝前低垂，姿态极为优雅。

鸳鸯

鸳鸯（学名：*Aix galericulata*）鸳指雄鸟，鸯指雌鸟，故“鸳鸯”属合成词。雌雄异色；雄鸟嘴红色，头具艳丽的冠羽，羽色鲜艳而华丽；雌鸟嘴黑色，头和整个上体灰褐色，眼周白色，脚橙黄色。

分布范围 多数在中国东北北部、内蒙古等地繁殖。越冬于福建、广东等地，在云南、贵州等地有少数留鸟。

种群现状 种群数量趋势稳定，因此被评为无生存危机的物种。

保护级别 已列入中国《国家重点保护野生动物名录》二级保护动物。已列入《世界自然保护联盟（IUCN）濒危物种红色名录》ver 3.1（2012）—— 低危（LC）。

生活习性 每年3月末4月初陆续迁到东北繁殖地，9月末10月初离开繁殖地南迁。在贵州等地，也有部分鸳鸯不迁徙而为留鸟。

针尾鸭

针尾鸭（学名：*Anas acuta*）是一种中型水鸭。雄鸭背部淡褐色，翼镜铜绿色，正中一对尾羽特别长；雌鸭体形较小，上体大都黑褐色，杂以黄白色斑纹，尾较雄鸟短，但较其他鸭尖长 。

分布范围 遍及中国东北和华北各省。新疆西北部及西藏南部有繁殖记录。冬季迁到中国北纬30度以南的大部分地区。

种群现状 分布范围广，种群数量趋势稳定。

保护级别 已列入中国国家林业局2000年8月1日发布的《国家保护的有益的或者有重要经济、科学研究价值的陆生野生动物名录》。已列入《世界自然保护联盟（IUCN）濒危物种红色名录》ver 3.1（2012）——低危（LC）。

生活习性 每年2月末至3月初开始迁离中国南方越冬地，3月初至3月中下旬大量到达华北和东北地区，4月初至4月中旬已基本到达中国北部繁殖地或迁离。

中华秋沙鸭

中华秋沙鸭（学名：*Mergus squamatus*）是鸭科秋沙鸭属的一种鸟，俗名鳞胁秋沙鸭，是中国的特有物种。嘴形侧扁，前端尖出，与鸭科其他种类具有的平扁的喙形不同，嘴和腿脚红色；雄鸭头部和上背黑色，头顶的长羽后伸成双冠状，翅上有白色翼镜，胁羽上有黑色鱼鳞状斑纹，下背、腰部和尾上覆羽白色。

分布范围 分布于中国、日本、韩国、朝鲜、缅甸、泰国等国家和地区。繁殖地在西伯利亚、朝鲜北部及中国东北小兴安岭、长白山等地。

种群现状 是中国特产、稀有鸟，属国家一级重点保护动物。数量极其稀少，属于比扬子鳄还稀少的国际濒危动物。

保护级别 已列入《中国濒危动物红皮书·鸟类》稀有种。已列入《华盛顿公约》CITES附录Ⅰ级保育类。已列入《世界自然保护联盟（IUCN）濒危物种红色名录》ver 3.1（2012）——濒危（EN）。

生活习性 通常都是以家族方式活动，只在迁徙前才集成大的群体。春季迁徙到长白山后，它们很快就由集群状态分散开。已经成功配对的成体选择距离它们的巢位不远的河段活动。

白眼潜鸭

白眼潜鸭（学名：*Aythya nyroca*）是雁形目鸭科潜鸭属的一种鸟。体圆，头大，很少鸣叫，为深水鸟类，善于收拢翅膀潜水；杂食性，主要以水生植物和鱼虾贝壳类为食。

分布范围 分布于中国、阿富汗、阿尔巴尼亚、保加利亚、乍得、克罗地亚等国家和地区。

种群现状 在中国内蒙古和西北地区曾是较为常见的一种潜鸭，但目前已经很少。全球总的种群数量约6万只，是易受伤害种群。

保护级别 已列入中国国家林业局2000年8月1日发布的《国家保护的有益的或者有重要经济、科学研究价值的陆生野生动物名录》。已列入《世界自然保护联盟（IUCN）濒危物种红色名录》ver 3.1（2012）——近危（NT）。

生活习性 属迁徙性鸟类。每年4月初至4月中旬迁到繁殖地，10月初至10月中旬从繁殖地开始南迁。极善于潜水，但在水下停留时间不长。性胆小而机警，常常成对或成小群活动。

红头潜鸭

红头潜鸭（学名：*Aythya ferina*）雄鸭头顶呈红褐色，圆形，胸部和肩部黑色，其他部分大都为淡棕色，翼镜大部呈白色；雌鸭大都呈淡棕色，翼灰色，腹部灰白。

分布范围 在中国繁殖于西北，冬季迁至华东及华南。

种群现状 该物种分布范围广，种群数量趋势稳定。

保护级别 已列入中国国家林业局2000年8月1日发布的《国家保护的有益的或者有重要经济、科学研究价值的陆生野生动物名录》。已列入《世界自然保护联盟（IUCN）濒危物种红色名录》ver 3.1（2013）——低危（LC）。

生活习性 3月中下旬开始往北方迁徙，4月初至4月中旬到达东北，10月初开始南迁，10月末至11月初到达南方越冬地。少数留在东北越冬。

Caprimulgiformes

夜鹰目

夜鹰，又称蚊母，古作蟁母，音义相同。在中国的晋代以及唐宋时期都有关于它的记载，虽然指的是个别种类，但是也具体描述了本目的共同特征。由于本目的鸟在飞翔时会张口食蚊，古人误认为它会吐蚊，故此称其为蚊母，或吐蚊鸟。而夜鹰的称呼则来自日本。

普通夜鹰

普通夜鹰（学名：*Caprimulgus indicus*）是夜鹰科夜鹰属的一种鸟，捕食害虫，为森林益鸟。体长约27厘米；通体几乎全为暗褐斑杂状，喉具白斑；雄鸟尾上亦具白斑，飞时尤为明显。

分布范围

分布于中国、孟加拉国、不丹、文莱、柬埔寨、印度、日本、朝鲜、斯里兰卡、泰国、越南等国家和地区。

种群现状

种群数量稀少，极为少见。

保护级别

已列入中国国家林业局2000年8月1日发布的《国家保护的有益的或者有重要经济、科学研究价值的陆生野生动物名录》。已列入《世界自然保护联盟（IUCN）濒危物种红色名录》ver 3.1（2012）——无危（LC）。

生活习性

单独或成对活动。白天多蹲伏于林中草地上或卧伏在阴暗的树干上，故名“贴树皮”。黄昏和晚上才出来活动，尤其以黄昏时最为活跃。

Accipitriformes 鹰形目

根据世界鸟类学家联合会在2013年发布的世界鸟类名录3.4版，隼形目中除隼和鹫之外的归入鹰形目，有220多种。具体地说有鹰科、蛇鹫科、鹗科与美洲鹫科4科。

白尾海雕

白尾海雕（学名：*Haliaeetus albicilla*）是大型猛禽。成鸟多为暗褐色，嘴、脚黄色；后颈和胸部羽毛为披针形，较长；尾羽呈楔形，为纯白色；活动的海拔高度为2500~5300米。

分布范围 中国仅有指名亚种，已知的分布区域有北京、河北、山西、内蒙古、辽宁、吉林、黑龙江、四川、西藏、甘肃、青海、宁夏、新疆等地。

种群现状 种群数量趋势稳定，因此被评为无生存危机的物种。

保护级别 分布于中国境内的指名亚种被列入中国国家一级保护动物。已列入《世界自然保护联盟（IUCN）濒危物种红色名录》ver 3.1（2013）——低危（LC）。

生活习性 白天活动，单独或成对在大的湖面和海面上空飞翔，冬季有时也能见到3~5只在高空翱翔。

苍鹰

苍鹰（学名：*Accipiter gentilis*）是一种中小型猛禽。体长可达60厘米，翼展约130厘米；头顶、枕和头侧黑褐色，枕部有白羽尖，眉纹白杂黑纹；背部棕黑色；胸以下密布灰褐和白相间横纹；雌鸟明显大于雄鸟。

分布范围 在中国主要分布于北京、天津、河北、山西、内蒙古、辽宁、吉林、四川、贵州、云南、西藏、陕西、宁夏、新疆等地。

种群现状 种群数量趋势稳定，因此被评为无生存危机的物种。

保护级别 1989年已列入中国《国家重点保护野生动物名录》二级保护动物。已列入《华盛顿公约》CITES附录Ⅱ濒危物种。已列入《世界自然保护联盟（IUCN）濒危物种红色名录》ver 3.1（2012）——低危（LC）。

生活习性 森林中的肉食性猛禽。视觉敏锐，善于飞翔。白天活动。性甚机警，也善于隐藏。

草原雕

草原雕（学名：*Aquila nipalensis*）是一种大型猛禽。由于年龄及个体之间的差异，体色变化较大，从淡灰褐色、褐色、棕褐色、土褐色到暗褐色都有。

分布范围 分布于中国、阿富汗、阿尔巴尼亚、希腊、印度等国家和地区。

种群现状 种群数量趋势稳定，因此被评为无生存危机的物种。

保护级别 已列入《世界自然保护联盟（IUCN）濒危物种红色名录》ver 3.1（2012）——低危（LC）。

生活习性 白天活动，或长时间地栖息在电线杆、孤立的树上，或翱翔在草原上空。主要以蛇和鸟类等小型脊椎动物为食，有时也吃动物尸体和腐肉。

大鵟

大鵟（学名：*Buteo hemilasius*）是鹰科鵟属的一种大型猛禽。头顶和后颈白色，各羽贯以褐色纵纹；头侧白色，有褐色髭纹，上体淡褐色；虹膜黄褐色，嘴黑色，跗蹠和趾黄色，爪黑色。

分布范围 在中国的黑龙江、吉林、辽宁、内蒙古、青海、甘肃等地为留鸟，在四川、陕西等地为旅鸟、冬候鸟。

种群现状 种群数量趋势稳定，因此被评为无生存危机的物种。

保护级别 已列入中国《国家重点保护野生动物名录》二级保护动物。已列入《世界自然保护联盟（IUCN）濒危物种红色名录》ver 3.1（2016）——无危（LC）。

生活习性 部分迁徙。在中国的繁殖种群主要为留鸟，部分迁往繁殖地南部越冬。以鼠类和兔子等为主要食物。

虎头海雕

虎头海雕（学名：*Haliaeetus pelagicus*）的头部为暗褐色，且有灰褐色的纵纹，看似虎斑，因而得名。有一黄色的特大鸟喙；体羽主要为暗褐色；虹膜、嘴、脚均为黄色；爪黑色。

分布范围 分布于中国、日本、朝鲜等国家和地区。

种群现状 属于易受害物种，分布区狭窄，种群数量稀少并且仍然在下降，在全世界仅有6000~7000只，在中国非常少见。

保护级别 已列入《世界自然保护联盟（IUCN）濒危物种红色名录》ver 3.1（2012）——易危（VU）。

生活习性 飞行缓慢，常常在空中滑翔、盘旋或者长时间地站在岩石岸边、乔木树枝上、或者岸边的沙丘上。它是海湾上空中最大型的猛禽。

灰脸鵟鹰

灰脸鵟鹰（学名：*Butastur indicus*）是一种中型猛禽。体长39~46厘米；上体暗棕褐色，翅上的覆羽也是棕褐色；尾羽为灰褐色。

分布范围 在中国主要分布于北京、河北、辽宁、吉林、黑龙江、陕西等地。

种群现状 种群数量趋势稳定，因此被评为无生存危机的物种。

保护级别 已列入中国《国家重点保护野生动物名录》二级保护动物。已列入《华盛顿公约》CITES附录Ⅰ濒危物种。已列入《世界自然保护联盟（IUCN）濒危物种红色名录》ver3.1（2012）——低危（LC）。

生活习性 常单独活动，只有在迁徙期间才成群。性情较为胆大，叫声响亮，有时也飞到城镇和村屯内捕食。

金雕

金雕（学名：*Aquila chrysaetos*）属于鹰科，是北半球上一种广为人知的猛禽。金雕以其突出的外观和敏捷有力的飞行而闻名。

分布范围 分布于中国黑龙江尚志、伊春、大兴安岭，吉林白城、延边，辽宁本溪、丹东、大连、锦州、朝阳，内蒙古呼伦贝尔，青海西宁、门源、青海湖等地。

种群现状 种群数量趋势稳定，因此被评为无生存危机的物种。

保护级别 已列入中国《国家重点保护野生动物名录》二级保护动物。已列入《中国濒危动物红皮书·鸟类》易危物种。已列入《华盛顿公约》CITES 附录Ⅲ级濒危鸟类。已列入《世界自然保护联盟（IUCN）濒危物种红色名录》ver 3.1（2013）——低危（LC）。

生活习性 通常单独或成对活动，冬天有时会结成较小的群体，但偶尔也能见到20只左右的大群聚集一起捕捉较大的猎物。

普通鵟

普通鵟（学名：*Buteo buteo*）属中型猛禽。体色变化较大，上体主要为暗褐色，下体主要为暗褐色或淡褐色，尾淡灰褐色，带多道暗色横斑；飞翔时两翼宽阔，初级飞羽基部有明显的白斑，仅翼尖、翼角和飞羽外缘黑色（淡色型）或全为黑褐色（暗色型）。

分布范围 分布在中国、阿富汗、阿尔巴尼亚、比利时、不丹、波斯尼亚、黑塞哥维那、柬埔寨等国家和地区。

种群现状 种群数量趋势稳定，因此被评为无生存危机的物种。

保护级别 已列入中国《国家重点保护野生动物名录》二级保护动物。已列入《世界自然保护联盟（IUCN）濒危物种红色名录》ver 3.1（2012）——低危（LC）。

生活习性 在中国大小兴安岭及其以北地区繁殖的种群为夏候鸟，在吉林省长白山地区部分夏候鸟、部分留鸟，在辽宁、河北及其以南地区部分为冬候鸟、部分为旅鸟。

秃鹫

秃鹫（学名：*Aegypius monachus*）是大型猛禽。通体黑褐色，头裸露，仅被有短的黑褐色绒羽，后颈完全裸出无羽，颈基部被有长的黑色或淡褐白色羽簇形成的皱翎；幼鸟比成鸟体色淡，头更裸露，也容易识别。

分布范围

在中国各省份都有分布。

种群现状

在世界范围，种群数量明显在减少，在欧洲不少地方已经消失。

保护级别

已列入中国《国家重点保护野生动物名录》二级保护动物。已列入《华盛顿公约》CITES 附录Ⅱ级保护动物。已列入《世界自然保护联盟（IUCN）濒危物种红色名录》ver 3.1（2013）——近危（NT）。

生活习性

在中国东北、华北北部、西北地区和四川西北部为留鸟。在中国的长江中下游与东南沿海地区为偶见冬候鸟。

雀鹰

雀鹰（学名：*Accipiter nisus*）属小型猛禽。雌鸟较雄鸟略大，翅阔而圆，尾较长；雄鸟上体暗灰色，雌鸟上体灰褐色；雄鸟带细密的红褐色横斑，雌鸟带褐色横斑。

分布范围 亚洲亚种繁殖于中国东北各省及新疆西北部的天山。冬季南迁至中国东南部、中部以及海南等地。

种群现状 种群数量趋势稳定，因此被评为无生存危机的物种。

保护级别 已列入《世界自然保护联盟（IUCN）濒危物种红色名录》ver 3.1（2012）——无危（LC）。

生活习性 部分留鸟、部分迁徙。春季于4~5月迁到繁殖地，秋季于10~11月离开繁殖地。常常单独生活。

䴙䴘目

Podicipediformes

在传统的分类系统中，䴙䴘目只包括一个科，䴙䴘目科。科下有6属22种。在鸟类DNA分类系统中，䴙䴘目与鹳形目合并，䴙䴘科成为新鹳形目的一个科，但新分类系统对䴙䴘科本身并没有作出调整。䴙䴘分布范围广泛，几乎遍及全球。平时栖息于水草丛生的湖泊。主要在淡水湖区域繁殖，在水边筑巢，是游泳和潜水的好手，以鱼为食。

赤颈䴙䴘

赤颈䴙䴘（学名： *Podiceps grisegena*）是䴙䴘目䴙䴘科下的一种中等游禽。个体比凤头䴙䴘稍小，但明显比其他䴙䴘更大；嘴亦较凤头䴙䴘短而粗，嘴基部黄色、尖端黑色；夏季头顶和短的冠羽黑色，颊和喉灰白色，前颈、颈侧和上胸栗红色，后颈和上胸灰褐色，下体白色。

分布范围 在中国夏天见于黑龙江。迁徙经吉林、辽宁以至河北，有时迁抵福建和广东。

种群现状 在中国数量极为稀少。

保护级别 已列入中国《国家二级重点保护野生动物名录》。已列入《世界自然保护联盟（IUCN）濒危物种红色名录》ver 3.1（2012）——无危（LC）。

生活习性 白天常常单只或成对活动于水面，偶尔也结成小群，特别是迁徙季节。善于游泳和潜水，不喜欢飞行。

凤头䴙䴘

凤头䴙䴘（学名：*Podiceps cristatus*）的前额和头顶部黑褐色，枕部两侧的羽毛往后延伸，分别形成束羽冠；脚的位置几乎处于身体末端，趾侧有瓣蹼、瓣蹼十分发达；尾羽短而不明显。

分布范围 在中国主要繁殖在黑龙江、吉林、辽宁、内蒙古、河北、甘肃、宁夏、青海和西藏等地。越冬时则经过河北、河南迁往长江以南、东南沿海等广大地区。

种群现状 种群数量趋势稳定，因此被评为无生存危机的物种。

保护级别 已列入《世界自然保护联盟（IUCN）濒危物种红色名录》ver 3.1（2016）——无危（LC）。

生活习性 最早迁到东北繁殖地的时间在3月中下旬，大量出现在7月中旬至次年4月末。秋季迁离繁殖地的时间在10月中旬，有时也推迟至11月初才迁走。善于游泳和潜水。

黑颈䴙䴘

黑颈䴙䴘（学名：*Podiceps nigricollis*）是一种中型水鸟，体长25~34厘米。嘴黑色，细而尖，微向上翘，眼红色；夏羽头、颈和上体黑色，两胁红褐色，下体白色，眼后有呈扇形散开的金黄色饰羽；冬羽头顶、后颈和上体黑褐色，颏、喉和两颊灰白色，前颈和颈侧淡褐色。

分布范围

分布于中国、阿富汗、阿尔巴尼亚、阿尔及利亚、亚美尼亚、奥地利、阿塞拜疆、巴林、法国、格鲁吉亚、德国等国家和地区。

种群现状

种群数量趋势未知，但不认为其下降速率能够达到濒危的标准。

保护级别

已列入中国国家林业局2000年8月1日发布的《国家保护的有益的或者有重要经济、科学研究价值的陆生野生动物名录》。已列入《世界自然保护联盟（IUCN）濒危物种红色名录》ver 3.1（2012）——无危（LC）。

生活习性

白天通常成对或成小群活动在开阔水面，繁殖期则多在水生植物丛中或附近水域中活动，遇人则躲入水草丛。从清晨一直到黄昏，几乎全在水中，一般不到陆地上。

小鸊鷉

小鸊鷉（学名：*Tachybaptus ruficollis*）是一种潜鸟。枕部具黑褐色羽冠；成鸟上颈部具黑褐色杂棕色的皱领，上体黑褐，下体白色；寿命一般为13年。

分布范围 分布于中国、阿富汗、安哥拉、亚美尼亚、文莱、保加利亚、布基纳法索、布隆迪、柬埔寨等国家和地区。

种群现状 在中国东部和东南部地区在越冬期间曾经是相当丰富的，但由于环境污染，生存环境条件变坏，种群数量已明显减少。

保护级别 已列入中国国家林业局2000年8月1日发布的《国家保护的有益的或者有重要经济、科学研究价值的陆生野生动物名录》。已列入《世界自然保护联盟（IUCN）濒危物种红色名录》ver 3.1（2012）——低危（LC）。

生活习性 在中国东北、华北和西北地区繁殖的鸟类多数为夏候鸟。少数个体留在当地不冻水域越冬。

Coraciiformes

佛法僧目

这一目中共有9科，中国有5科。这一目的鸟形态结构多样，各科特化程度高。成员体形大小不一，生活方式多种多样，多数种类以昆虫和小动物为食，有些种类食鱼，还有些种类食果实。很多科分布局限于热带、亚热带地区，其他科则分布比较广泛。本目中的一些鸟类一般为国家二级保护动物。

白胸翡翠

白胸翡翠（学名：*Halcyon smyrnensis*）是翠鸟科翡翠属的一种鸟。头、后颈、上背棕赤色；颏、喉、前胸和胸部中央白色；下背、腰、尾上覆羽、尾羽亮蓝色；翼也亮蓝色，但初级飞羽端部黑褐色，中部内羽片为白色，飞时形成一大块白斑；中覆羽黑色，小覆羽棕赤色。

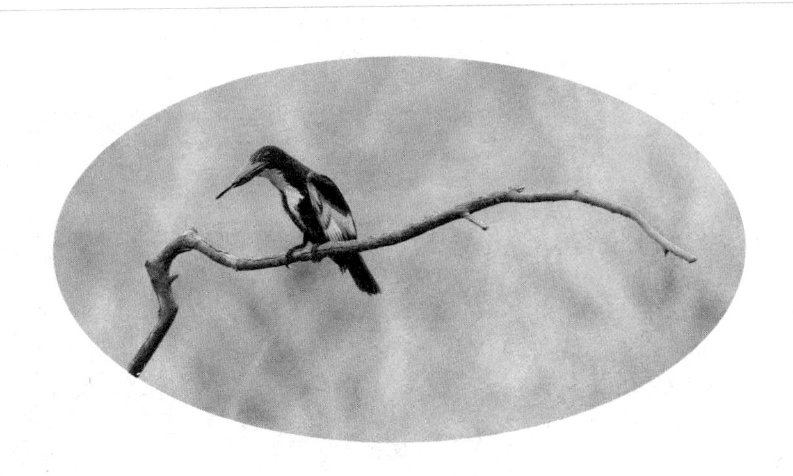

分布范围

分布在欧亚大陆、非洲北部、印度次大陆及中国的西南地区。

种群现状

栖息在山地森林和山脚平原、河流、湖泊岸边，也出现在池塘、沼泽和稻田等，有时作远离水域活动。繁殖期为3~6月。

保护级别

已列入《世界自然保护联盟（IUCN）濒危物种红色名录》ver 3.1（2015）——无危（LC）。

生活习性

常常单独活动，多站在水边树木枯枝或石头上，有时也站在电线上，长时间地望着水面，等待猎食。飞行时成直线，速度较快，常常边飞边叫，叫声尖锐而响亮。

斑鱼狗

斑鱼狗（学名：*Ceryle rudis*）是翠鸟科鱼狗属中的一种中型鸟。通体呈黑白斑杂状，但体形较小，带白色眉纹；雄鸟有两条黑色胸带，前面一条较宽，后面一条较窄；雌鸟仅有一条胸带，白色颈环不完整，在后颈中断，外形和冠鱼狗非常相似。

分布范围 主要分布在欧亚大陆，非洲北部、非洲中南部地区，印度次大陆及中国的西南地区。

种群现状 分布范围非常大，不接近物种生存的脆弱濒危临界值标准，因此被评为无危物种。

保护级别 已列入《世界自然保护联盟（IUCN）濒危物种红色名录》ver 3.1（2012）——无危（LC）。

生活习性 成对或结群活动在较大水体及红树林里，喜欢嘈杂，是唯一常盘桓水面寻食的鱼狗。

冠鱼狗

冠鱼狗（学名：*Megaceryle lugubris*）是一种中等体形的鸟。体羽黑色，有许多白色椭圆或其他形状大斑点；头部有显著羽冠，羽冠中部基本全是白色；寿命一般为4年。

分布范围 分布在阿富汗、孟加拉国、不丹、中国、印度、日本、韩国、泰国、越南等国家和地区。

种群现状 分布范围广，种群数量趋势稳定，因此被评为无生存危机的物种。

保护级别 已列入《世界自然保护联盟（IUCN）濒危物种红色名录》ver 3.1（2012）——无危（LC）。

生活习性 多沿着溪流中央飞行。食物以小鱼为主，兼吃甲壳类和多种水生昆虫及其幼虫，也啄食小型蛙类和少量水生植物。

蓝翡翠

蓝翡翠（学名：*Halcyon pileata*）是翠鸟科翡翠属的一种鸟。雄性体长27~31厘米，雌性体长25~31厘米；它是一种以蓝色、白色及黑色为主的翡翠鸟，以头黑为特征，翼上覆羽黑色，上体其余为亮丽华贵的蓝紫色，两胁及臀部棕色，飞行时白色翼斑显见；寿命一般为10年。

分布范围 在中国主要分布在黑龙江、吉林、辽宁、河北、山东、山西、甘肃、四川、贵州、云南、广东、广西、福建和海南等地。

种群现状 种群数量趋势稳定，因此被评为无生存危机的物种。

保护级别 已列入中国国家林业局2000年8月1日发布的《国家保护的有益的或者有重要经济、科学研究价值的陆生野生动物名录》。已列入《世界自然保护联盟（IUCN）濒危物种红色名录》ver 3.1（2013）——低危（LC）。

生活习性 常常单独活动，一见到水中鱼虾，立即以极为迅速而凶猛的姿势扎入水中用嘴捕取。

蓝喉蜂虎

蓝喉蜂虎（学名：*Merops viridis*）是一种中型鸟。体长26~28厘米；头顶至上背栗红色或巧克力色，过眼线黑色；嘴细长而尖、黑色、微向下曲，颏喉、腰和尾蓝色；翼蓝绿色；其余下体和两翅绿色。

分布范围 一种留鸟。在中国主要分布在云南东南部、广西南部、广东、福建以及海南等地。

种群现状 全球种群未量化，但在原产地分布广泛，属于常见物种。

保护级别 已列入中国国家林业局2000年8月1日发布的《国家保护的有益的或者有重要经济、科学研究价值的陆生野生动物名录》。已列入《世界自然保护联盟（IUCN）濒危物种红色名录》（2014）——无危（LC）。

生活习性 常常单独或成小群活动，多在上空飞翔觅食，休息时多停在树上或电线上。

普通翠鸟

普通翠鸟（学名：*Alcedo atthis*）是一种小型鸟。体长16~17厘米；耳覆羽棕色，耳后有一白斑；翅和尾较蓝；下体红褐色。

分布范围 广泛分布在欧亚大陆、东南亚、印度尼西亚、新几内亚等地，在中国主要分布在中部和南部。

种群现状 种群数量趋势稳定，因此被评为无生存危机的物种。

保护级别 已列入《世界自然保护联盟（IUCN）濒危物种红色名录》ver 3.1（2013）——低危（LC）。

生活习性 留鸟。常常单独活动，一般多停息在河边树桩和岩石上，经常长时间一动不动地注视着水面。

三宝鸟

三宝鸟（学名：*Eurystomus orientalis*）是一种中小型攀禽，共有10个亚种。通体蓝绿色；头和翅较暗，呈黑褐色；初级飞羽基部带淡蓝色斑，飞翔时非常明显。

分布范围 分布在中国的黑龙江省小兴安岭、吉林省长白山、辽宁、河北、宁夏、四川、贵州、云南、广西、广东、澳门、福建和海南等地。

种群现状 全球种群规模尚未量化，但该物种被报道频繁出现于其分布区域。

保护级别 已列入中国国家林业局2000年8月1日发布的《国家保护的有益的或者有重要经济、科学研究价值的陆生野生动物名录》。已列入《中国物种红色名录》。已列入《世界自然保护联盟（IUCN）濒危物种红色名录》ver 3.1（2012）——无危（LC）。

生活习性 喜欢吃绿色金龟子等甲虫，也吃蝗虫、举尾虫、石蚕、叩头虫等。常常栖于开阔地的枯树上。

戴胜

戴胜（学名：*Upupa epops*）共有9个亚种。头、颈、胸淡棕栗色；头顶具凤冠状羽冠，羽冠色略深且各羽具黑端，以后部的冠羽最长；嘴细长而下弯；跗蹠短；趾仅第3、4趾基部有并连。

分布范围 分布在中国、阿富汗、阿尔巴尼亚、阿尔及利亚、安道尔、安哥拉、巴林、孟加拉国、乍得等国家和地区。

种群现状 种群数量趋势稳定，因此被评为无生存危机的物种。

保护级别 已列入《世界自然保护联盟（IUCN）濒危物种红色名录》ver 3.1（2012）——低危（LC）。

生活习性 多数单独或成对活动。常常在地面上慢步行走，边走边觅食，飞行时两翅扇动缓慢，呈一起一伏的波浪式前进。